人类学讲堂

TEACHING ANTHROPOLOGY

第五辑

潘　蛟　主编

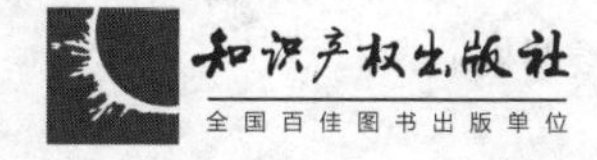

图书在版编目(CIP)数据

人类学讲堂. 第五辑/潘蛟主编. —北京:知识产权出版社, 2017. 3

ISBN 978-7-5130-4774-6

Ⅰ. ①人… Ⅱ. ①潘… Ⅲ. ①人类学—文集 Ⅳ. ①Q98-53

中国版本图书馆CIP数据核字(2017)第033339号

责任编辑:石红华　　责任出版:刘译文

封面设计:张　冀　　责任校对:谷　洋

人类学讲堂(第五辑)

潘　蛟　主编

出版发行:知识产权出版社有限责任公司　　网　址:http://www.ipph.cn

社　址:北京市海淀区西外太平庄55号　　邮　编:100081

责编电话:010-82000860转8130　　责编邮箱:shihonghua@sina.com

发行电话:010-82000860转8101/8102　　发行传真:010-82000893/82005070/82000270

印　刷:三河市国英印务有限公司　　经　销:各大网上书店、新华书店及相关专业书店

开　本:787mm×1092mm　1/16　　印　张:13.75

版　次:2017年3月第1版　　印　次:2017年3月第1次印刷

字　数:225千字　　定　价:45.00元

ISBN 978-7-5130-4774-6

前　言

这个文集中的文章来自中央民族大学民族学与社会学学院（下称“民社院”）的“人类学前沿及进展”系列讲座。这个讲座创于2009年秋季学期，经费最初来自北京市“科学研究与研究生教育—学科建设与研究生培养项目—重点学科人类学”项目，以及民社院研究生学术活动经费。如今，北京市教委的资助仍在，中央民族大学“985工程”重点学科建设项目和“民族学人类学理论和方法研究中心”也把这个讲座列入了资助重点。

“人类学前沿及进展”讲座旨在邀请国内各高校和科研机构的人类学或与相关各科学者前来我校发表他们最近取得的研究进展或正准备进行的研究计划，我们希望由此能为中国人类学研究进展的发布和思想的交流构建一个重要平台。

受邀前来讲演的专家学者均来自校外，此举当然是意在以有限的经费诚邀天下精英为我校培养人材，让我校学生一睹各路专家的风采，领略各校专家的讲学风格。同时，通过听讲、提问、讨论、茶歇、聚餐等互动，也为校外专家学者了解我校的人类学传统和现有的学生、教员的知识关切创造了机会。

这个讲座自一开始是对我校人类学专业博士生一年级和硕士生二年级学生开设的必修课程。这样做之所以必要，是因为我们觉得，再快的专著或期刊出版都会滞后于学者实际的所做和所思，通过这个讲座能让学生接触到尚未出版发行，今后会出版发行，甚或今后不会出版发行的成果和思想，由此不仅能尽快把学生带进学术前沿，而且能让他们对于学术成果和思想的成熟过程有所了解，因此我们把这个讲座看作了比一些常规系统课程更为高端和重要的研究生训练必修课程。

此讲座虽是人类学专业研究生的必修课程，但却是对校内外开放的，以致更多的听众来自于校内其他专业，其中既有学生也有教员。把这讲座当作课程来修的本校研究生其实不过三四十人,但我们却必须设法把民大文华楼一层那个能容三百多人的报告厅抢订下来,免得听众来了没座位。学校相关管理部门倒也是很给面子,一学期十多场讲演下来,这个报告厅至多也不过是一二场没让我们预订上罢了。然而,即便如此,这个讲座仍有爆棚的时候,报告厅通道上的阶梯全被坐满,有的围坐到了讲台周围,有的甚至在厅尾和厅边缘一直站着听。记得 James Scott 就曾遭遇过此况,以致他感叹从未料到自己也会像明星一样受到如此热捧。被民大师生对人类学知识热情所感动的中外学者,远不止 James Scott 一位,很多学者因此把民大的这个报告厅当作了人气最旺的人类学讲场,而这也正是我们的期望。

当然,讲座是否爆棚主要取决于讲演者人气的高低,但的确也有不少人类学讲演者是在民大确认了自己的人气竟是如此之高。这个讲座被安排在秋季学期的每个周五晚上 7 ~ 10 点,其中两小时用于讲演,一个小时用于提问和讨论。与此讲座竞争听众的不仅有校内其他院系开设的讲座,而且还有文华楼斜对面广场上的周末露天舞会。但是,这个露天舞会并没有抢走多少听众,反倒是此讲座散场时涌出的人流让广场上的舞会显得有些寂寥。

民大学生喜欢这个讲座,他们常常相互打听周末谁会来讲演。以致有人戏称,“倘没有这个讲座,周末学生们都不知该干什么”。判定民大人为什么会对人类学有如此高的热情,这可能是一件容易惹麻烦的事情,但我还是想说,这可能是因为民大师生很关心人类学对于人类多样性所做的探讨,更喜欢这个学科因此生成的对待人类多样性的态度。

这个讲座的成功得益于民族学与社会学学院众多教员的积极参与。他们与学生一起在座听讲,创造出了一种难得的师生同堂受业,相互砥砺、切磋学问的感人氛围。教员们在场评议和提问有助于学生印证自己对于讲演的理解,也激发了学生的思考和提问,活跃和深化了对于讲演的讨论和理解,而通过学生们的提问和讨论,讲演人和在场的教员对他们也有了更多的理解。

这个集子中的文稿绝大多数是根据讲演录音整理而成,其中大多数文稿经过讲演人的审阅校订。少数文稿未经讲演人审阅,原因是他们太忙,没能按期交回审阅稿。但这也正是我所担心的,我怕他们大改录音稿,添加了许多学生们在讲座中不曾听到的东西,以致讲座上的评议、提问和讨论互动失去了根据。因此,我没有坚持去催稿。此文集中的一些稿子,后来被讲演人经过加工完善后投放到了其他一些刊物和专著中去发表，这并不是我顾忌的，因为通过这个文集，我想反映的除了这些作者的起初成果和思想之外，而且还有这些作者当时与民大师生的教学互动。为此，除了因没能收集到更为完整精细的加注讲稿而觉得有些遗憾之外，我也还心怀侥幸地以为，这些作者或许还是喜欢以这种方式发表其讲稿的，因为这毕竟较为完整地记录了他们当初的讲演，及其引来的评议、提问和讨论，较为充分地反映了他们讲演时与听众发生互动的真实场景。

最后，我想说的是：谢谢我校民社院的各位领导！没有你们在资金和人事安排上的大力支持，这个讲座将难以为继。谢谢我校民社院研究生会的各位同学！没有你们提供的组织支持和讲演录音整理，办成这个讲座和编成这个文集将十分艰难。谢谢周末前来参加这个讲座的所有师生！没有你们在场，这个讲座将毫无意义！

目　录

国家、民族与公民权利

产权、环境与发展

历史与革命

国家、民族与公民权利

- ▶从现代国家到文化利维坦
- ▶奥地利马克思主义学派的非地域民族法人理论与中国民族政策
- ▶社会发展视野下的公民权——基于韩国的经验

从现代国家到文化利维坦

主讲人:张旭东(纽约大学比较文学系和东亚研究系教授,东亚系系主任)

主持人:潘蛟(中央民族大学民族学与社会学学院教授)

很高兴第一次来到民大,这里是国家民族学、人类学、社会文化研究的重镇,今天很高兴能来这和大家交流。我在学习的时候学的是文化批评,也读了很多文化人类学的书,其实文化理论不只是单向的向人类学流动,文化研究也从人类学学到很多东西,印象很深的有列维纳斯的 *Time and Other*,研究共时性、时间和他者的关系;另一个印象很深的是马歇尔·萨林斯的《历史之岛》,芝加哥的人类学家;还有很多其他的。文学和人类学的交叉是很明显的。

今天讲的题目是广义的文化理论的一部分,但更关键意义上是政治学不是人类学。"*Slaying the Cultural Leviathan*:*Cannibalism in Defining the Human in Chinese New Culture*"是上个月在伦敦的演讲的题目,我先讲一下今天演讲总的意思。这幅图是托马斯·霍布斯 1651 年《利维坦》英文第一版的插图,"利维坦"的名字比书的实际内容有名,这幅画比"利维坦"更有名。利维坦是海里的怪兽,实际上指的是国家,国家是个猛兽、怪兽,但是仔细去读,霍布斯讲的不是这个意思。《利维坦》是西方从中世纪到近代的转折点,是从无序的状态到有序的状态、从混乱到治理的过渡的标记点。我最后要讲的不是这本书,而是借这本书对中国新文化、启蒙、现代文学以及自我、自由的观念作一个批判性的反思。这本书站在古代到近代、野蛮到文明的转折点上,我们从这个关节点出发,看近代西方大体是怎么走的,而近代中国大体是怎么走的,两条路径有什么不一样,各自有哪些缺失。今天主要的兴趣不在西方,而在中国自己的问题,最后会讲到一些现代文学的例子。为什么从霍布斯的

《利维坦》讲起？我们从这个问题来开始我们的报告。

这是霍布斯《利维坦》的引言里的一段话，是全书第一章的第一段："大自然"，也就是上帝用以创造和治理世界的艺术，也像在许多其他事物上一样，被人的艺术所模仿，从而能够制造出人造的动物。由于生命只是肢体的一种运动，它的起源在于内部的某些主要部分，那么我们为什么不能说，一切像钟表一样用发条和齿轮运行的"自动机械结构"也具有人造的生命呢？是否可以说它们的"心脏"无非就是"发条"，"神经"只是一些"游丝"，而"关节"不过是一些齿轮，这些零件如创造者所意图的那样，使整体得到活动的呢？艺术则更高明一些：它还要模仿有理性的"大自然"最精美的艺术品——"人"。因为号称"国民的整体"或"国家"(拉丁语为 Civitas)的这个庞然大物"利维坦"是用艺术造成的，它只是一个"人造的人"；虽然它远比自然人身高力大，而是以保护自然人为其目的；在"利维坦"中，"主权"是使整体得到生命和活动的"人造的灵魂"；官员和其他司法、行政人员是人造的"关节"；用以紧密连接最高主权职位并推动每一关节和成员执行其任务的"赏"和"罚"，是"神经"，这同自然人身上的情况一样；一切个别成员的"资产"和"财富"是"实力"；人民的安全是它的"事业"；向它提供必要知识的顾问们是它的"记忆"；"公平"和"法律"是人造的"理智"和"意志"；"和睦"是它的"健康"；"动乱"是它的"疾病"，而"内战"是它的"死亡"。最后，用来把这个政治团体的各部分最初建立、联合和组织起来的"公约"和"盟约"也就是上帝在创世时所宣布的"命令"，那命令就是"我们要造人"。

接下来我们来看 Carl Schmitt 对《利维坦》首页上这幅插图的详细解释。

这幅画连同书名“利维坦”和取自《旧约·约伯记》里面的题词“它在大地上无与伦比”(non est potestas super terram quae comparetur ei)一道,让霍布斯这本著作给人以一种非常不同一般的印象:一个由无数小人组成的巨人,从海面升起俯瞰城市,右手仗剑,左手执一权杖,在护卫着一座城邦。他两臂之下分别是世俗界和精神界,各自由一组图画代表:在剑下面是城堡、王冠、大炮以及步枪、长矛、旗帜和一个战场;在精神之臂下面,与此相对应的则是教堂、法冠、闪电、作为事物之间的区别的尖锐化之象征的三段论和困局和一个理事会,这些图解代表了运用权威和武力来发动世俗的或精神的战争的种种手段及其特征。政治战斗,带着它无可避免的、永不停息的并将一切人类活动纳入其中的敌我之辨(Friend - enemy Disputes),在冲突的两边分别推出了各自的武器:堡垒要塞和大炮指向对手的各种发明创造和思想方法,而这些东西的战斗力一点也不逊色。这幅画就在书名“利维坦”旁边,像所有令人震惊的书名一样,这个书名变得比书的内容本身更广为人知,但首页上这幅画则无疑进一步有助于这本书的震撼效果。观念和概念界定本身是政治武器,这是一个重要的认识;在书的第一页上,我们清楚地看到,它们是行使“间接”权力的武器。

到这里,大家对利维坦是什么已经有了大致的了解。我下面跟大家讲讲我要说什么。利维坦在西方的思想史上和当代关于国家理论方面给人的印象是国家是很可怕的东西,比如说美国,小政府大社会,大家有自由可以做生意,税收越少越好,政府国家是恶的,退得越远越好。但是霍布斯在西方启蒙、近代化、世俗化、法治国家等这样的起点上,对国家的理解首先是针对自然上的暴力,这是人没办法抗拒、逃脱、在里面没有办法获得起码的自我保护的状态,对这种状态的认识带来了近代意义上的理性,这个理性就是我们要建立国家,国家代表秩序、法律。这种法律和秩序给个人提供保护是有代价的,如果要建立这样一种能抵御外来侵略和制止相互侵害的共同权力,以便保障大家能通过自己的辛劳和土地的丰产为生并生活得很满意,那就只有一条道路——把大家所有的权利和力量付托给某一个人或一个能通过多数的意见把大家的意志化为一个意志的多人组成的集体。这就等于是说,指定一个人或一个由多人组成的集体来代表他们的人格,每一个人都承认授权于如此承当本身人格的人在有关公共和平或安全方面所采取的任何行为或命令他人作出的行为。在这种行为中,大家都把自己的意志服从于他的意志,把自己的判断服从于他的判断。这就不仅是同意或协调,而是全体真正统一于唯一人格之中。这一人格是大家人人相互订立信约而形成的,其方式就好像是人人都向每一个其他的人说:我承认这个人或这个集体,并放弃我管理自己的权利,把它授与这人或这个集体,但条件是你也把自己的权利拿出来授与他,并以同样的方式承认他的一切行为。这一点办到之后,像这样统一在一个人格之中的一群人就称为国家,在拉丁文中称为城邦。这就是伟大的利维坦(Leviathan)的诞生——用更尊敬的方式来说,这就是活的上帝的诞生:我们在永生不朽的上帝之下所获得的和平和安全保障就是从它那里得来的。因为根据国家中每一个人授权,它就能运用托付给它的权力与力量,通过其威慑组织大家的意志,对内谋求和平,对外互相帮助抗御外敌。国家的本质就存在于它身上。用一个定义来说,这就是一大群人相互订立信约,每人都对它的行为授权,以便使它能控其认为有利于大家的和平与共同防卫的方式运用全体的力量和手段的一个人格。

我们再从其他几个侧面来看一下这个问题。霍布斯还讲了关于知识的分类,关于事实的知识记录下来就称为历史,共分两类。一类是自然史(博物志),这就是不以人的意志为转移的自然事实或结果的历史,如金属史、植物史、动物史、区域史等等都属于这一类;另一类历史是人文史,也就是“国家人群的自觉行为的历史”(The Other is Civil History;Which is the History of the Voluntary Actions of Men in Common - wealths),“Common - wealths”是共同体,是大家为了共同的追求组成的社会。这段是非常重要的,什么叫文明?相对于自然,历史、文明、知识最后的落脚点都是在“Civil”这个含义,在城邦意义上政治性的、理性的组织活动。霍布斯提出了自然状态,中国近代一直是这样的状态,跟这个相对的是国家和秩序的开始,作为国民的人才是文明的人。在没有一个共同权力使大家慑服的时候,人们便处在所谓的战争状态之下。这种战争是每个人对每个人的战争,因为战争不仅存在于战役或战斗行动之中,而且也存在于以战斗进行争夺的意图普遍被人相信的一段时期之中。因此,时间的概念就要考虑到战争的性质中去,就像在考虑气候的性质时那样。因为正如同恶劣气候的性质不在于一两阵暴雨,而在于一连许多天中下雨的倾向一样,战争的性质也不在于实际的战斗,而在于整个没有和平保障的时期中人所共知的战斗意图。所有其他的时期则是和平时期。因此,在人人相互为敌的战争时期所产生的一切,也会任人们只能依靠自己的体力与创造能力来保障生活的时期中产生。在这种状况下,产业是无法存在的,因为其成果不稳定。这样一来,举凡土地的栽培、航海、外洋进口商品的运用、舒适的建筑、移动与卸除需费巨大力量的物体的工具、地貌的知识、时间的记载、文艺、文学、社会等等都将不存在,最糟糕的是人们不断处于暴力死亡的恐惧和危险中,人的生活孤独、贫困、卑污、残忍而短寿,这就是霍布斯意义上文明和野蛮的临界点。

我再加一点,当我们说雅典人和罗马人是自由的时候,我们是说雅典和罗马是自由的国家。古希腊罗马人的哲学与历史书以及从他们那里承袭自己全部政治学说的人的著作和讨论中经常推崇的自由,不是个人的自由,而是国家的自由,这种自由与完全没有国法和国家的时候每一个人所具有的那种自由是相同的。后果也是一样,因为在无主之民中,那儿永久存在人人相互为战的战争状态。人们既没有遗产传给儿子,也不能希望从父亲那里获得遗产;对财货与土地不存在所有权,也没有安全保障,而是每一个人都有充分和绝对的自由。相互独立的国家的情形也是这样,每一个国家、而不是每一个人,都有绝对的自由做出本身认为最有助于本国利益的事情,也就是代表国家的个人或议会认为最有助于本国利益的事情。同时他们却生活在永久的战争状况中,在战场的周围,边界都武装起来,大炮指向四邻。当我们说“雅典人和罗马人是自由的”这句话时,指的是他们是自由的国家,这不是说任何个人有自由反抗自己的代表者,而是说他们的代表者有自由抵抗或侵略其他民族。现在路加城的塔楼上以大字特书“自由”二字,但任何人都不能据此而作出推论说,那里的个人比君士坦丁堡的人具有更多的自由,或能更多地免除国家的徭役,不论一个国家是君主国还是民主国,自由总是一样。

我再回应一下前面霍布斯讲的国家理论。霍布斯把国家比成机器,施密特在这点发挥得很好。1651 年英国还没有处在技术时代,但是机器时代的原型已经有了——那就是国家。国家是人类发明的最了不起的机器,如果人可以组成国家,人就具备了进入技术时代智能上的、组织上的、物质生产上的条件。随着近代国家的出现,我们不但已经具有了最基本的智力,我们甚至已经有了原型的工作母基,这个是国家,这段话讲得很有道理的。李约瑟的《中国的技术史》回答了中国为什么没有科学,但现在对中国人能不能搞工业的怀疑越来越小。随着中国工业化的成功,很多人会返回历史上看,很多人想去证明中国是一个高度工业化和拥有技术能力的民族,这里边有很多具体的论证,大家感兴趣的话可以看看。

现在我们就从霍布斯的国家理论过渡到中国启蒙的反思。五四以后一直到20世纪80年代,中国知识分子一直在想一个问题:我们到底是野蛮国家还是文明国家?西方人有个性、自由、灵魂、法律、科技,我们什么都没有。一系列关于文明和野蛮、人和非人的辩论始终占据着中国启蒙论述的核心。但在这个问题的处理上,近代以来一直有一个很大的而且前后一贯的问题,在文明和野蛮的点上始终没有处理霍布斯的门槛的问题。霍布斯始终用给国家授权来界定文明和野蛮,同时在人和自然、人和非人的关系上强调从自然向文明的过渡,这最终的结果是利维坦式的国家的建立。在中国的启蒙里,这个旋转是逆向的,始终抗拒建设国家的要求。因为中国把国家理解为坏的利维坦,是猛兽和压迫者,在这样的理论基础上来建立个人自由,拒绝接受霍布斯意义上的国家是从自然到文明过渡的根本性的因素。还有一个问题和我们反思启蒙有直接的关系:中国不是把"自然状态"界定为人出于自己求生的本能可能去伤害他人,也不是建立在人求生和自我保存的本能有可能达不到。中国的启蒙论述不是界定在人和自然、人和人的关系的社会性和有限性上,而是一种文化批判和对传统的批判,其建设性指向不是通过一种什么样的制度安排和理性的设置来克服自然状态,而想的是通过激烈的自我意识的革命,以这样的方式来构成启蒙的叙述和霍布斯对自然到历史的过渡对照。我们可以看出这两者之间的不同。

接下来我从鲁迅的《狂人日记》来讲。狂人晚上睡不着觉翻开史书来看,满篇都是仁义道德,但最后在字缝里边发现整本书写的就是两个字——"吃人"。如果霍布斯谈吃人的话,是人各自为了自我保护把社会带向一种野蛮状态,理性光芒的标志是我们要把各自的自我保护能力交给国家。我是把《狂人日记》作为一个反面的例子,吃人不是人吃人,是传统吃人,是儒家的观念或者封建的观念吃人,老人吃孩子,过去吃现在,旧的吃新的,传统有吞噬新生命的可能性。启蒙首先要打破传统,中国人要杀掉的是文化的怪兽、传统和仁义道德,所指向的启蒙是文化的革命和意识的革命,找一种更高的精神状态，比如说进化论、个人主义、自由主义。吃人和传统在《狂人日记》里有一个很直白的连接点——教育或者是人的自我生产。在文章的结尾“救救孩子”，狂人在我们现在就是有强迫症、迫害狂，别人都是要害他，他看到小孩对他的眼神也是很凶，他就搞不懂了，我和他爸妈没有过节，小孩为什么会露出獠牙来。他就想想想，想了很多晚上，终于想出来了，爸爸妈妈教的。这就是我们当时读《狂人日记》最妙的一点，鲁迅把整个的中国社会写成一个暗无天日的、青面獠牙的社会，批判的力度很强，其中无非是通过广义上的教育和人的再生产。传统和现在的纽带是文化，鲁迅要把这个打掉，就通过教育变成“救救孩子”——终止过去，孩子才有救。这就是中国启蒙归根结底的激进性，这种激进性仅仅限制在文化和传统的领域里，没有进入政治性领域。

鲁迅之所以已经超越同代的启蒙作家在于他有另一面，即鲁迅始终对《狂人日记》所代表的文化启蒙的论述方式有一种内部的颠覆，这个颠覆就是在《阿Q正传》里阿Q最后两个字——“救命”。这是非常自然的，为了证明阿Q的“救命”是在霍布斯意义上的从自然到历史、从野蛮到文明、从非人到人的过渡，我们前面还可以找到一些证据。阿Q在绑赴刑场的路上会有一段内心独白，但他不是一个有内心生活的文艺青年。鲁迅写到这儿忽然鬼使神差地转到，阿Q发现所有等着看他去刑场的人，让他想起好多年前他一人走山路的时候，有一匹狼一直跟着他，狼的眼睛像鬼火一样，可以烧穿他的身体，他幸亏手里拿一把砍柴刀，狼既不接近他，也不会被他甩，阿Q说到现在他还记得那磷火一样的光线，既残忍，又怯懦。这是文学式的内心独白，这写的完全是另一种逻辑，即阿Q的暴力性的死亡带来的是生命意义上的指向。从这个指向出发，我们才会理解20世纪30年代鲁迅为什么会一步一步走向左翼，把新中国的希望寄托在红军、马克思主义、共产党身上。这个趋势对鲁迅来说代表着霍布斯所说的最终的主权者带来的文明的状态，这是解放、自由、独立、尊严，到今天这还是共产党的合法性的终极辩护。这是非常经典的近代理性、启蒙的逻辑。

我们可以说启蒙一、启蒙二。启蒙一是“救救孩子”的逻辑，把野蛮到文明的过渡理解为克服自身的传统。我认为这条路是一条死路，虽然可以带来思想意识上的激进化，但是限制在非政治的领域，以文化的手段来解决应该用政治的方式处理的问题。鲁迅在黄埔军校的演讲中说，我们写再多的文章孙传芳也不会跑,你们到那打一炮,他就跑了。鲁迅经常会点到这种政治性的集体实践的结果,但鲁迅给人更鲜明的印象是中国意义上的文化启蒙、意识启蒙、思想启蒙。父亲应该随着闸门落下消失在黑暗的世界里,以自己的死中断野蛮的历史,让新人去向新的社会迈进。在今天来看这个逻辑是不通的,文明是有连续性的,不可能把自己的传统中断了,又到西方去说我是谁、我的传统在哪、我为什么没有传统,这是自己给自己设置理论陷阱。启蒙二的逻辑非常简单,中国在进行近代化、国家的建立、新文化、现代化等实质性的创造,另一个原点是在"谁是我们的敌人"这样对中国社会各阶级的分析上。这是中国革命的首要问题,和启蒙知识分子是两个源头。

我再举一个例子,中国的新文学史基本上是以十年为一个阶段。第一个十年的代表人物是鲁迅、胡适、陈独秀,第二个十年有许多成就很好的作品和小说。比如老舍,老舍最有名的作品是《骆驼祥子》。《骆驼祥子》延续了第一个十年里的各种矛盾,一般读这本书还是停留在启蒙的简单的国民性批判、意识批判、传统批判。但是越仔细地看这部小说,越会发现这是一种寓意式的、象征主义的小说,里面处理的问题不是说祥子所处社会不合理、普通人生活艰难,而是提出了一系列很复杂的问题,某种意义上展示了人和动物、机器、上帝之间的关系。人和上帝的关系从一个东西可以看出,"命"在中国语境里和上帝是一个语义,祥子成天在想,我的命怎么这么苦,里面有很多宿命的描述。《骆驼祥子》第一句说"我们这本书说说祥子,不是说骆驼",这句话很有意思。那书名为什么叫《骆驼祥子》?书名在国外有两类译法:一类译法是突出骆驼和祥子的关系,另一类译法是突出祥子和车的关系,祥子所有生活的目的就是一辆车。但实际上这部小说写的是骆驼、祥子、人力车三角的关系。祥子生活的目的是一辆车,为了车他就变成动物,三者之间是一个循环的关系:人的目的是变成机器,变成机器的过程中变成了动物,这是一个没有灵魂的世界。在这个野蛮的世界里祥子唯一想的就是挣脱野蛮获得自立。小说的结尾是说教气很重的结尾,"祥子死了,这个个人主义的鬼!"老舍点题点得很到位,这部小说的副标题可以叫"中国式小农个人主义批判":你以为自己身体好、跑得快、不喝酒、生活规律,就能保护自己?这完全不能保护自己!这是中国式的小农乌托邦的局限性。可以把《骆驼祥子》看成是对这种价值观的最为深刻的批判,这比《阿Q正传》的批判更全面。从人变成动物、动物变成机器、从机器变成人的循环,不是上升的循环,而是下降的循环,越来越惨。祥子咽不下这口气,说我什么坏事没干,我是最好的车夫,为什么我要摊上这个;他只有一次好运气就是那几匹骆驼,他带着骆驼走在黑暗的路上,世界上所有的黑暗都摆在他四周,根本不知道从哪走,后面跟着几匹一声不吭的骆驼。这是没有语言没有方向的世界,祥子在这样的世界里想凭单打独斗的能力挣脱命运是完全不可能的。最终老舍从文学意义上涵盖更多的可能性,从"救救孩子"到"救救祥子"。但另一方面,小说更饱满的一方面是写祥子最终不是批判"个人主义的鬼",而是说任何人在这样给定的社会条件下都是很可怜的"个人主义的鬼",只有改变自己的社会条件和没有法律和秩序的社会状态。如果有基本的现代国家意义上的设置,祥子就不会一遍一遍地走下坡的循环。小说是对没有法的霍布斯意义上的自然状态的非常全面的分析和批判,这是《骆驼祥子》里最重要的方面。

我前面提了一点是,另一条路径是鲁迅期待的但是最后没看到的,实际上发生的是从井冈山到延安再到新中国的建立,20 世纪最成功的革命的理论上的政治性强度在那里。我们看一下怎么从文明和野蛮看政治状态。毛泽东是一个善于以政治的逻辑来看问题的政治家,最根本的一点是从敌我之辨,从大革命一直讲到"文革",有一个特点是把敌我之辩和人与非人之辩统一在一起。一个国家所赖以建立的政治基础是人民的概念,人民的对立面是人民的敌人,人民的敌人因为不是人民,所以根本不是人,"牛鬼蛇神"也好,政治的基础是内部的同质化,同时既是无产阶级专政意义上专政,另一方面又是一个大众民主,在这样的同质性的基础上建立的国家,即超越了资产阶级国家,但在基本的制度设置上又没有超越,这是一个矛盾。

阶级斗争都是所谓的"敌友之辨"。把毛泽东的政治理论丑角化最典型的是 20 世纪 80 年代很有名的文本《芙蓉镇》。《芙蓉镇》的小说发表于 1980 年,电影版是谢晋拍于 1988 年,涵盖整个 80 年代,拨乱发正、思想解放、包产到户,农村土地承包等。从影像版看,姜文演的右派秦书田和刘晓庆演的豆腐西施这两个坏分子是黑五类,不是人民,严格意义上不是人。后来他俩谈恋爱了,谈恋爱实际上是强调自己是人。电影甚至没交代是什么罪名,极左派就把他们来抓起来开批斗会,最后刑场上姜文对刘晓庆说了一句话:"活下去,像牲口一样活下去。"什么时候是人,什么时候非人,什么时候非人比人还人,什么时候人连非人都不如,人的生活世界已经被政治化的东西占领了,是那些人界定什么是人什么不是人。活到哪一天再回到我们是人的时候,人和非人的平衡就颠倒了,不要在乎人和牲口的名分,要在乎生命的实质。整个的电影在颠覆政治性的人的概念,把被政治排斥出来的领域实质化,把幸福、自由、女性美都放在这里边,最后平衡颠倒了,这是后毛泽东时代对毛泽东时代政治和人的关系彻底的颠覆,80 年代好像是要回到文艺的自律性,但实际上内部的政治性的强度有多大?《芙蓉镇》在对整个的革命、国家的历史叙事的颠覆,动摇了“土改”“文革”的合法性根基。不能把《芙蓉镇》这样的作品和启蒙的作品之间画等号,但它们之间是有紧密关系的。我们今天就先讲到这里,谢谢大家!

评议与讨论

潘蛟:我先谈谈学习的心得。张教授是做文学批评的,今天是第一次请这个领域的人。你的演讲勾起了我的兴趣要重新读一下《骆驼祥子》《狂人日记》《芙蓉镇》这些作品。从你的讲演中我看到文学批评的力量,怎么读出作者的深意,怎么与他的时代联系起来。另一个你谈的《利维坦》这个书,以前我们看这本书的时候,更多的是谈契约和政府对权利的承诺,(你谈的)这个让我觉得很有意思。卡尔·施密特在我们的领域生疏一点,在人类学以外讨论很多,中间强调的是政府和秩序的必要性,还有文明和野蛮,这个说法就人类学来讲可能也有点问题。人类学里也有很长一段时间在谈政治,谈无国家、无政府的社会,人类学眼中看到很多没有国家的社会,他们长期以来把国家当成一个怪物,国家承诺保证自由却扼杀了自由,这个问题究竟该怎么谈我没有明确的想法。你谈的对《利维坦》的读法,在 20 世纪 80 年代还有一种思潮——新权威主义。卡尔·施密特、鲁迅、老舍所在的阶段是传统的权威被打掉了的时期,在一个弱国家里,军阀横行没有秩序,这种对国家和秩序的向往在那个年代有这样的思潮。我注意到新权威主义在今天还在涨,只不过是不同变体和形式。《英雄》里谈到以前秦始皇的暴政,很多人要杀他,不能杀他的理由是他给了一个秩序,统一了中国,这里边有利维坦的思想,还加以民族主义的东西。既然这样的思想起来,我们今天的社会究竟是怎样的状态?

90年代好像是国家应该退出去,让市场来决定一切,很多人觉得这样有点过了,还是需要一个公正的、有力的政府去干预。这就是我的整个的感受。你刚才讲的《骆驼祥子》里是个人主义的失败,《芙蓉镇》里边是谈胡月英个人主义的成功,两个之间不一样的叙事之间有点张力。老舍下意识里认为公民社会里个人是平等的,《芙蓉镇》里奋斗的人是有好报的,但是由于政治上的变故(而未能如愿)。这让我想到很多,确实以后还得加强自己的阅读,多向你们学习学习!

张旭东:潘老师讲得非常好,我感兴趣的一点是政治人类学里会碰到一些没有政府的现象,这在社会科学里是一个很有力的质疑。政治哲学意义上的政府实际上是指国家,但国家和政府之间是有区分的,政府是一个执行机构,国家有主权,可以对外发动战争、对内终止法律等等。从霍布斯到黑格尔再到施密特,这条线不是强调权威,也不是强调政府的合法性,归根结底是强调国家的理性成分。国家体现一个社会或民族实质理性的内容,国家是一个很严格的概念。霍布斯的人和人是狼和狼的关系,只有在文明或国民的状态下,他人对我才是人,这个状态既可以在人类学意义上无政府状态里出现,也可以在社会学意义上的现代国家里出现。黑格尔说一切人反对一切人的战争,不是落在霍布斯意义上的自然状态,而是市民社会,黑格尔对市民社会的定义,恰恰是一切人反对一切人的战争。就像在今天中国,大家都要不顾一切地赚钱,不顾一切地发展,不考虑对环境、健康、心理的损害,这叫一切人反对一切人的战争,是高度社会的战争。这个意义上国家的理性的实质落到社会主义上,可能要通过革命进行国家性质的改变,这个意义上国家对于社会的克服是在国家和社会的双层关系里。具体的意义上有政府和无政府,这不是有没有政府的问题,而是社会状态自身的理性的内容是什么。在当今美国和中国社会相当程度上存在非理性,这样的非理性社会里缺乏基本的理性的构造。在近代中国以来还有一个帝国主义的问题,被外来的力量宰制,还有贫困、愚昧、疾病等内部的混乱,中国整个近代启蒙的论述对应的不同历史阶段、不同的社会、不同的国家种种的理想,叠加在一起的时候既有霍布斯意义上的用文明克服野蛮,也有黑格尔意义上的现代社会一切人反对一切人的战争,霍布斯的"直接的历史"前提是英国三十年的战争,在乱世之后写的东西,把乱世放在自然状态里。

学生:张老师您好,你刚才讲我们新文化运动打错了方向,把文化的脉络打掉了,我们对新文化运动的一个评价是它解放了自我,在霍布斯的理论的基础上有一点是说个人要先把权利给政府和国家,如果没有个人霍布斯的理论就推不下去了,新文化有一个好处是个人释放出来了,有个人前提去缔造这个国家,这是我的想法,不知道您怎么看?

张旭东:这是一个可以预料到的问题。今天报告给人的感觉是过于强调社会的总体性,利维坦是由很多个人组成的。"个人"是什么定义?个人如果就是一个农夫,他希望有个好皇帝,这就是利维坦意义上的个人。你讲的新文化带来的"个人"不是这个"个人",而是有新文化的理想诉求,在价值上、法律上有权利意识的个人,这样的个人和利维坦一直处在紧张的关系里。近代中国在某种意义上的根本矛盾是出在个人和集体的关系上,这个问题提的比较明确不是在"五四"时期,而是更早的洋务派、改良派。他们通过很直观的观察,发现中国是皇帝一家人,英国、法国是国民社会,可以把自己的行动凝聚起来体现为国家的行动;而大清很多人不识字,识字的人大部分认为这是皇帝的家事,和自己没关系。在官僚体制内部有地方精英和集权者的关系,所谓的集权社会是没有社会动员力的。当时最早的洋务派的改良叫开启民智,可以把这个视为让个体活过来,这样的话才有整体,你的这个思路是对的,但不是"五四"知识分子,而是严复那代人提出来的。在西方个人和集体的关系是处理得比较好的,"五四"以后这个指向越来越偏离到个人意识层面的激进化的解决的方式,"五四"知识分子是唯一的以他的方式做他做不到的事,自身的文化的激进是这样的一个特征。把这个问题还原到个人怎么办?个人已经受到"五四"以后的传统所界定,而不是在更大的个人和集体的关系层面来界定,包括在军队和战争条件下,也有个人和集体的关系。共产党的政治逻辑始终在处理个人和集体的关系,在某种意义上,革命军队最强调调动每一个战士的主观能动性,整个的指向是整体性的,这同样是个人,只不过对个人的不同的理解。如果对个人的意义进行严格的界定就去谈个人的话,是一个非常片面的有太多的理论束缚的个人的概念。

学生:张老师您好,您刚才讲了有两条启蒙的路径,一个是"救救孩子",是通过文化手段去处理政治的问题;另一个是共产党以政治看法抓住的革命主要矛盾,把人民组织起来形成强大的力量,所以革命胜利了。我想如果把国家成立之后的“文革”当成一次启蒙的尝试的话，我觉得“文革”是很奇怪的东西。您说毛泽东是一个以政治观点看问题的人，那“文革”又有好多“文艺腔”，是从“破四旧”一路下来，这到底是一种什么现象，是启蒙的回归吗？但是这又有不同了，所以我想请您解释一下。

张旭东：这个问题很深刻，我说的政治的逻辑是无产阶级在专政条件下继续革命，现在完全被否定了。整个十一届三中全会以来拨乱反正，新时期建立在这个意义上，不再搞政治，从政治社会向经济社会向市民社会过渡，这是大势所趋、民心所向，不管现在的左派右派当时都是拥抱这个概念的。无产阶级专政下继续革命是认定在社会主义条件下始终存在阶级斗争，通过阶级斗争来维护国家的纯洁性，你说的“文艺腔”从政治革命变成文化革命，这和“五四”的传统很不一样，不能说“文革”期间的大字报、样板戏这种上层建筑的革命就把它等同于“五四”。“文化大革命”全称叫“无产阶级文化大革命”，在经济领域消灭资产阶级以后，在政治领域还存在资产阶级，他们会在党内找到代理人。从学术上来说，这是毛泽东一个非常深刻的观察。毛泽东有一个更基本的判断是中国社会主义革命改变了中国的一小部分，中国社会的主体——小生产者没有改变。在小生产者成为无产阶级之前，中国革命是非常不牢靠的，小生产者的汪洋大海最终会包围无产阶级的上层建筑，“文化大革命”的“文化”一个是指在文化领域掌握无产阶级的领导权，用文化的手段去解决经济的问题、建设的问题。这个问题太复杂，没有答案，要回答这个问题必须对中国全盘地思考，(但现在)严格条件还不具备。但年轻人开始考虑这个问题是很好的，读书的时候不要给自己设立一个禁区，“文革”是一个最大的禁区。

学生：老师好，我是本科大三的。我想说我在学人类学的时候发现人类学是集体取向的，观察的都是结构、制度，《骆驼祥子》里写的是活生生的人，我想如果我以后想走学术这条路的话，我希望我写出来的东西不是让别人看了特别烦的，我希望能把文学对个人的关注和人类学对共同体的关注结合起来，老师能不能在这方面给我一些指导？

张旭东：文学是写个人的，这是对的，这是一个现象，像《骆驼祥子》《阿Q正传》。文学写具体的东西，但这不是说文学只关心个人，恰恰相反，文学关心的是很大的问题，关注的是整个社会和所有的人。不能以个人、具体作为一个限制性的东西。至于说晦涩这确实是一个毛病,如果说一个人思想再深刻,没几个人敢说他的思想比毛主席更深刻,但毛主席的文字非常浅白易懂。晦涩有很多原因,比如说师洋不化,不这么写就没有知识,甚至还有学术八股,穿靴戴帽;还有一种晦涩是因为思维不清晰,很多问题没有想清楚。我觉得有一种晦涩是求学时代年轻人要有耐心去读的,一个人真有东西碰巧确实写得不好,这种东西只能咬着牙啃。比如说黑格尔,他的书写得绕来绕去,但确实是好东西,黑格尔的书绕是有道理的,他说我的哲学研究是整体、辩证、矛盾,我不能像形式逻辑那样从A讲到B,任何整体的东西都是循环的,我每句话都要涵盖所有的东西,讲这个的时候又在讲别的,讲别的时候又在讲这个,每句话都在说整个世界。真正的哲学家在做一件不可能的事,明知不可为而为之,每句话都是在说所有的事情,这确实是晦涩的,但不能不读。年轻的时候要有决心下点苦功夫读一点难啃的书,现代社会让人分心的东西太多,这是一个不幸的地方,难以花长时间为自己一生的事业做一些打基础的工作,这是苦功夫,现在不做以后会越来越忙。当然晦涩的标准在哪?标准是最难的,学术界也好、社会也好,标准乱了收拾起来是最麻烦的事。

潘蛟:谢谢张旭东教授,我们以后还有机会再讨论,今天就到这,谢谢大家!

奥地利马克思主义学派的非地域民族法人理论与中国民族政策

主讲人:崔之元(清华大学公共管理学院教授)

主持人:潘蛟(中央民族大学民族学与社会学学院教授)

潘老师让我做这个讲演的时候,我有种诚惶诚恐的感觉。因为对民族问题,无论是民族学的调查,还是从民族理论和对我们现在民族政策的了解来说,在座的潘老师还有民族学院的各位同学老师,都是很好的。我不是谦虚,现在确实是诚惶诚恐,有点不敢讲。但是为什么最后同意了?我想给我自己一个学习的机会,因为我以前对民族问题没有研究。但是为什么我对这个问题感兴趣了?是因为在2008年春季这个学期,我正好应邀到美国康奈尔大学法学院任教讲一门法学课。大家可能还记得2008年春季,正是要召开奥运会前,西方有很多反对奥运会的运动,特别是康奈尔大学所在的这个小城,那是达赖喇嘛在北美的总部,所以各方面的辩论都很激烈。有些留学同学也希望我能与他们一起参加辩论,类似今天这样搞一个讲座。我确实没有研究,但是我临时抱佛脚,对民族的一些文献和理论抓紧地看,当时对这方面有了一点很粗浅的接触。2000年前后的时候,我在麻省理工学院教书,那次达赖喇嘛正好到波士顿地区访问,他就在波士顿请了七八所大学的学者和他座谈,我也应邀参加了。我是唯一一个从中国去的学者,其他大多数是美国学者。那次在和达赖喇嘛面对面的讨论当中,我向他提出了两个问题。他的回答很有意思,是出乎我意料的。其中一个问题是,我问他如何看待西方的自由主义原理。我们知道西方有自由主义传统,当然是西方文化最传统的方面之一了。它的一个最重要的原则就是政教分离。比如美国的宪法,第一条修正案其实就是为了政教分离。它所谓的言论自由,其实最重要的一个议题是在西方历史上政治与宗教的分离问题。当时大部分与达赖喇嘛讨论的西方学者都没有提出这样的问题，因为他们假定达赖喇嘛的制度是没有问题的。因为他们是西方学者，所以他们从西方自由主义的历史出发没有把这个作为一个问题提出。我提这个问题就是（想知道）他怎么看待这个问题。他的答案出乎我的意料，他说他是赞同政教分离的，他愿意在适当的时机放弃整个达赖喇嘛这个制度，因为这个制度与西方自由主义的理论和传统是不和的。他认为，可以放弃这个制度，只要西藏人民愿意，他愿意这个制度取消。这是第一。第二他说，他的整个思想是半个佛教徒与半个社会主义者。他是这样回答的，所以我觉得很有意思。他说他还记得他与毛主席谈话的一些事情，他在那次座谈里面回忆了不少。反正都是一种积极正面的回应。

所以，这次接触让我觉得民族问题非常复杂，而且涉及的相关理论、学科知识背景非常丰富。我想在座的各位在中央民族大学学习民族学和社会学的同学，其实是很幸运的。而且，我觉得这不仅仅是一个孤立的问题，对民族问题的思考会联想到政治、经济、法律等一系列的东西，这是人类一系列根本性的问题。我现在回答我为什么对这个感兴趣。2008 年我在美国康奈尔大学答应参加这个讨论，临时抱佛脚看了一些书，对我个人而言，我觉得比较有说服力，又受到启发的就是奥地利马克思主义学派，其中有一种“非地域法人理论”。我为什么会讲到这个？大家可能觉得这个是很偏、很冷的东西，在我们现在的语境当中，大家觉得现在马克思主义都已经很过时了，大家都把这个作为一个很教条的东西在学校里面上所谓的政治课。实事求是地讲，大家不是有多么真心实意地去上这个课。而奥地利马克思主义学派，更让大家觉得是一种莫名其妙的东西。但是我想说的是，实际上从整个 20 世纪世界的文化来看，欧洲文化中的奥地利实际上是非常重要的。奥地利作家穆齐尔的著作，有上下两卷，现在终于有中文版了，其书名是《没有个性的人》。这个小说实际上讲的就是奥匈帝国晚期的文化，这本小书被认为是 20 世纪现代主义艺术的三个代表著作之一。另外一个是 20 世纪现代主义文学最著名的乔伊斯，他最著名的作品是《都柏林人》。还有一个就是《尤利西斯》，它就是我们说的“意识流”。“意识流”这个概念在乔伊斯的小说里面可以见到，他是最著名的代表者之一，但是还是有其他的人。一个是乔伊斯，还有一个是法国的著名作家普鲁斯特，他的著作是《追忆似水年华》，他的著作前几年也已经翻译成中文。维也纳在19世纪末20世纪初是非常出名的,比如卡罗。大家是不是在上政治课的时候会提到一本列宁的《唯物主义和批判经验主义》。他批判的是谁?其实就是在批判奥地利马赫这个人。列宁在这本书里面主要是和马赫的对话。爱因斯坦认为他的相对论的思想就是从阅读马赫的哲学获得启发的。爱因斯坦讲的不是狭义相对论,而是广义相对论。比如这个引力,我们刚发射嫦娥三号火箭,一般有万有引力的定律。但是万有引力有一个质量的公式,其实我们的物体也有一个引力的东西。两个质量,就是惯性质量和引力质量的等价性,这是马赫提出来的。

维也纳有一个特别著名的小组叫作"维特根斯坦",从这个组织里面游离出来的,后来变得特别有名的叫作"哥德尔不完全性定理",我们在数学基础理论和人文理论之中,包括法学的研究中都会接触到。为什么不能写出一个自动的、完备的宪法呢?因为哥德尔不完全定理证明了这一点。我说哥德尔和马赫这些人,包括爱因斯坦都和维也纳的"维特根斯坦"有很大的联系。奥地利过去文化非常丰富,它在20世纪是一个非常有影响力的地方。现在大家可能会说这个和我们有什么关系?但是我确实觉得这个对于理解我们中国很多问题有很大的启发,特别是中国的民族政策。但是在这个之前我为了让大家在感性上能更多地了解到奥匈帝国文化与我们现在还是有关系这一点,我们现在可以用四到五分钟听一下《波西米亚狂想曲》。波西米亚是一个中世纪的一个王国,捷克国土的三分之二是属于波西米亚的土地。其实波西米亚的游牧民族与中欧的游牧民族有一定的联系。他们人的性格与民族风格上实际上有一个很大的影响,形成了一种比较自由主义的文化想象。为什么我要放这个《波西米亚狂想曲》?因为它的弹奏者马克西姆,是一个克罗地亚的钢琴家,他是在克罗地亚前南斯拉夫分裂的战火中成长起来的。大家知道,2008年举行奥运会之前的2004年,是雅典奥运会,在这届奥运会上之所以正式邀请了马克西姆来弹奏这首曲子,是因为他是从克罗地亚的前南斯拉夫的战火中成长起来的年轻艺术家。他在雅典奥运会弹奏有关于世界和平的曲子,具有很大的意义。但是我听了一下他在雅典奥运会上弹奏的曲子,我觉得给我留下深刻印象的还是《波西米亚狂想曲》。其实这些曲子的作曲家本身是英国的,并不见得与奥匈帝国有什么关系,但是他选择的这个标题与反映20世纪奥匈帝国的历史有很大的关系。奥匈帝国的王储在萨拉热窝被塞尔维亚的民族主义者杀害。也就是说，其实是奥匈帝国内部民族矛盾直接导致了第一次世界大战。战争结束以后，奥匈帝国就解体了。那么它是怎样解体的？是在“巴黎和会”上解体的。“巴黎和会”就是专门针对奥匈帝国的民族独立问题，比如在美国总统威尔逊的“十四条”里面有针对奥匈帝国的民族独立问题，这是“十四条”中的一条。等一会儿，我会讲到深层的国际关系理论的问题。实际上有一个重要的研究，由普林顿大学的著名学者阿罗梅尔做出来的，他有大量的文献证明威尔逊总统的“十四条”是对列宁和托洛斯基提出的“六条”的一个反应。这个都和奥匈帝国的解体、第一次世界大战的结束有很大的关系。而民族自决权的理论是直接与列宁和斯大林的这些理论相关的，而后者直接影响了中国以及一些现在的民族政策。所以我觉得从世界历史的角度来看，奥匈帝国的历史和文化是我们理解民族问题一个比较重要的东西。

现在我就言归正传，简单和大家介绍一下所谓的奥地利马克思民族主义学派的两个代表人物。一个是奥托·鲍威尔，他是奥地利社会民主党一个非常年轻的领袖，在1918年到1920年担任过奥地利外交部长，同时他也是一个多产的学者。《鲍威尔文选》在我国上世纪60年代的时候就已经有翻译了，当时他是作为一个对修正主义批判的对象。最近这个书又再版了，但还是很不全的，如果大家有兴趣的话，我可以把他的书，尤其关于民族问题的英文全文发给大家。这部分也刚刚翻译成中文版，好像是2000年翻译完的。但这些其实在20世纪初就已经写了，是他的博士论文，但历经一百多年才翻译成英文。另外一个著名的代表人物就是卡尔莱纳，他是维也纳大学的法学教授，他的经历很有趣，也是一个非常有才能的人。1945年，第二次世界大战结束以后，奥地利已经被苏联的红军解放，而他正是1945年奥地利的第一任的总统。1918年到1920年期间的奥地利经济部长是熊彼特，熊彼特也是奥地利人。熊彼特不是社会主义者，而是社会主义民主党。但是关于这个社会主义民主党的翻译在中文里面我觉得是有需要商榷的方面。比如在德文里面，这个是有直接翻译为“社会主义民主党”，但是在法文里面就是“社会民主党”，现在法国是“法国社会主义党”。但是我们现在对“第二国际”和“第三国际”的区别，我们把“法国社会主义的”直接翻译过来是“社会主义的”，这个就是我们在第二和第三国际纠葛的一个东西。我觉得这是翻译上的一个误译。

“社会主义”是不通的，但是“社会民主”是通的，“社会主义党”是通的，“社会主义党”和“社会主义”意思是一致的。为什么一致？“社会民主党”就是“社会主义党”。为什么？因为社会主义在欧洲发展的历史当中，它已经预设政治民主，这是为他们所高度肯定的。他们认为法国革命建立了政治民主，但是政治民主还是不够的，还要把民主推向社会生活各个方面以及社会的各个方面，所以社会民主是社会主义。但是我说熊彼特并不是社会主义民主党，而当时的奥托·鲍威尔和卡尔莱纳等代表的奥地利政府是社会党为主的政府。可他们很包容，觉得熊彼特有很大的才能，于是就邀请熊彼特。但是熊彼特卷入一个暗杀事件，因为斗争非常激烈，所以后来熊彼特就不得不离职。因此这里面有一些故事是非常有意思的。

他们之间还有一个好玩的故事。大家知道，弗洛伊德也是奥地利人，在维也纳被占领以后，他不得不流亡到英国，后来在伦敦去世。弗洛伊德出名最早的一个著作就是对一个叫“朵拉”女同性恋的分析。他讨论了所谓“移情”的作用。所谓移情，就是大家在作心理分析的时候，看病的人把自己移情到分析师身上。我提到这个其实和鲍威尔的民族理论有一定的关系。弗洛伊德在自己的书中使用的“朵拉”是假名，当然不能用真名。据说真名字就是鲍威尔的妹妹，其真实的名字就是埃达·鲍威尔，她1882年11月1日出生在维也纳的一个波西米亚犹太家庭。这是我的一个博士从英文里面翻译过来的，因为我当时在康奈尔大学讨论这个的时候用的是英文。鲍威尔父亲曾经因患过梅毒而接受过弗洛伊德的治疗。六年后，她的女儿也接受了弗洛伊德的治疗。她的兄弟奥托是奥地利社会主义党的领导人之一，死于1938年。他的女儿也是一个很有趣的人。所以我就说，弗洛伊德的精神分析意义很大，不仅对个人，而且对政治的意义也很大。我给大家展现奥托·鲍威尔，所谓奥地利马克思主义者、社会主义者，但是他们却有他们的独特性。我们后面还要谈到我们中国特色社会主义。现在我在补充一个例子。说实话，我们政治课里面讲的马克思确实是没意思，使大家提不起精神，所以大家不能很好地理解整个社会主义的运动发展历史以及问题的性质。我顺便提一句，马克思和恩格斯之后，有一个著名的和恩格斯关系很密切的学生，他是德国社会主义政党里面影响最大的一个人，叫卡尔·考茨基。列宁把他批判为修正主义者。考茨基其实是奥地利人，从维也纳到了德国。所以有的人就开玩笑说,希特勒也是奥地利人,他后来也到德国去了。这个大家可以想象一下民族问题的复杂性。所以开玩笑说,奥地利对德国最大的贡献就是给送了一个希特勒。德国对奥地利的最大贡献就是送去了一个莫扎特,因为莫扎特是生在德国,后来去了奥地利。而这个奥托·鲍威尔在年轻的时候就经常给考茨基写信,因为考茨基有一系列对社会问题的思考。

奥匈帝国的历史我就简单地说一下。这个里面主要重要的是要理解奥托·鲍威尔著作的一些背景。1867 年奥匈帝国诞生,1897 年在波西米亚,捷克语获得了与德语平等的地位,但是德国人的反对导致了 Badeni 的辞职。这个等会儿,我会展开讲一下。从这里面,捷克语与德语之间获得一个平等的地位,说明在奥匈帝国政治内的德国人已经没有那么大的政治势力。但是由于反对没有获得平等的地位,当时就是 Badeni 要求在波西米亚这个地方,所有的官员都必须要说两种语言,即捷克语和德语。如果他们不这样,他们通不过像我们现在所谓的公务员考试。有天我在参加潘蛟老师讨论会的时候,中联部的一个局长说,他说习近平的父亲习仲勋在他去世前的最后一次谈话当中,还特别强调——大家知道习近平的父亲长期负责中国的民族宗教事务——我们在少数民族工作的干部一定要掌握少数民族的语言。德国为什么没有这样的大?大家想过没有,大家如果对 19 世纪欧洲的历史了解的话,大家可能能猜到人家至少提出捷克语与德语要平等,因为德国的力量并没有那么的大。其实关于这个争议也是比较大。重要的一个原因是在 1866 年,当时的德国还没有统一,但是普鲁士和奥地利之间在 1866 年有一场战争,在这场战争之中,普鲁士获胜了,就是俾斯麦,而奥地利战败。这个战争的主力是奥地利的德国人,这场战争被普鲁士大胜。现在的历史学家认为,奥匈帝国时期的德国在当时的支配地位下降了,这是一个原因。1898 年波西米亚被分解为捷克人聚集区、德国人聚集区和混合区。这个波西米亚和我们今天说的波黑,就是 1908 年奥国吞并波斯尼亚和黑塞哥维那,这是南斯拉夫解体以后战争最激烈的地方。这里有一个很受关注的地方,就是当时的波斯尼亚和黑塞哥维在南斯拉夫为什么会出现这种情况?其实很大的一个原因就是出现了一个混合区,在波黑这个地方出现了很多的混合区。刚才我讲到,民族问题其实涉及经济学、政治学等各个方面。在政治学方面,我要提到一个美国著名的政治学家,就是罗伯特·达尔。他曾经担任过美国政治学会主席。在南斯拉夫解体的时候,他一直有一个观点。这个观点很简单,但是一直没有被人注意。波黑解体前它的一个导火线是什么?就是要进行一次全民公决,这个全民公决要决定波黑是否独立。罗伯特·达尔就觉得在逻辑上用全民公决来决定政治起源的政治边界悖论,因为当你用全民公决的时候,我们怎样计算多数,其实已经预设了你的政治边界体,你才能计算什么是多数。但是在一个多民族杂居很严重的地方,比如某一族人为了保证这个公决有利于他们的利益,其实已经有了一个种族清洗的动力。我不知道这个逻辑大家听明白了吗?因为首先有一个全民公决来界定政治边界,罗伯特·达尔认为这个在逻辑上是说不通的,因为这个你已经界定了。这个和当时魁北克提出的很像。当时加拿大进行全民公决的时候,他们认为这个是魁北克信息收集和民意表达的功能,就是说看魁北克的人是不是愿意独立。即使说在魁北克这个地方进行全民公决都说要独立,但是这个对整个加拿大联邦是不具有约束力的。但是他们把这个当作发现魁北克人政治偏好的一个工具。当然结果就是这个魁北克本身的全民公决的能力差一点。

第一次世界大战的奥斯曼德国、俄罗斯等四大国的斗争关系非常激烈,所以种族清洗实际上可以用二元的方法分析全民公决。全民公决对某一族的利益有利的时候,它就会把别的种族的人都清洗出去。它的这个逻辑从一开始把别的民族清洗出去以后,他们也许一开始就是为了保证投票的结果有利于他们自己。所以这个就直接导致奥匈帝国王储的被刺杀以及第一次世界大战。到了1919年,开了一个很关键的会议——凡尔赛和会。我们大家知道五四运动就是巴黎和会直接导致的,也直接导致了中国共产党的诞生。在巴黎和会上有很多中国人参加,包括梁启超。梁启超不仅是一个大文豪,而且也担任过财政部长,还写过一本《中国公债史》。因为中国长期以来没有公债这个东西,这个和民族问题有关,才出现公债这个东西。其实在左宗棠第一次西征的时候,也就是他平定新疆的时候,他第一次发行了国债。

以上是一个奥匈帝国的基本历史。大家觉得我很奇怪,似乎讲一些没有边界的东西。鲍威尔在 *The Question of Nationalities and Social Democracy* 中讲道:"在波西米亚,1890 年,(4. 22%)德国人生活在捷克人占多数的地区。(2. 15%)捷克人生活在德国人占多数的地区。"这就是一个混合的东西。接着他又讲道:"仅靠地域原则不能够满足斯洛文尼亚人的民族需要。在卡林西亚的四个地区,斯洛文尼亚人组成了强大的少数民族,约占全部人口的20% ~40%。这些斯洛文尼亚聚集区中的一些可以和其他纯粹的斯洛文尼亚行政区合并,但这并不是在所有的地方都是可能的。而且,行政区的边界和语种区的边界也不可能在所有的地方都完全吻合。"就是说行政区的边界和语言的边界不可能完全吻合。但是在斯洛文尼亚,我们也可能看到一些纯粹的斯洛文尼亚人集中的地方,但是并不是在所有地方都是这样。这个我觉得很重要,我觉得这个和中国的关系很密切,一会儿我会讲到。我说莱纳与鲍威尔他们两个对民族理论的最大贡献有两个:第一,我觉得就是非区域性文化自治;第二,是所谓的人格原则(作为一个"法人"的民族)。这是我的一位博士生帮我翻译的。英文的原文就是:第一是 Non - Territorial Cultural Autonomy,第二是 The Personality Principle (Nations as Legal Persons)。我刚才谈到奥地利的总统莱纳,他是维也纳大学的法学教授,同时在司法领域也是一个非常著名的学者,尤其在德语文献里面。他认为罗马法已经有几千年的历史,为什么我们现在,包括我们中国在内,我们在制定民法的时候还要参考它的原则?因为虽然隔了好几千年了,现在变化还不是那么的大。那么为什么不把民族作为一个法人?他为什么会这样想?我觉得这两个原则必须要联系起来理解。一个是非区域性文化自治。他为什么要强调这个?大家在民族学院学习可能基本著作是斯大林的《马克思主义与民族问题》,大家知道斯大林不是俄罗斯人,而是格鲁吉亚人。斯大林在布尔什维克党初露头角的时候,他是作为一个民族问题的专家逐渐在这个布尔什维克党党里面上升的。他在中国有一个很权威的关于民族的四个定义概念,说的是民族必须包括四个方面,就是所应具备的共同语言、共同地域、共同经济生活、共同心理素质这四个基本特征。而莱纳和鲍威尔与列宁和斯大林不同的地方在于,他们认为民族在定义的方面不应该包括共同的地域,即不把共同的地域放在定义里面。我刚才也讲到,这个和奥匈帝国它的民族的杂居,它的民族的混合区之多有密切的联系。如果在一个民族定义里面,本来已经是杂居的地方,你还定义民族的时候一定要成为民族必须包括共同地域的话,这个在逻辑上已经要求要有种族的清洗。如果让民族的定义不要求必须要有一个共同的地域,那我们怎样来体现出一个民族的特征?所以莱纳就提出一个人格概念,这和他是一个法学家有一定的联系。其实这个法人的概念是非常有意思的。法人不是一个人的概念，它也不是一个国家的概念，是在个人和国家两者之间形成的一个法人的概念。莱纳认为，既然公司可以叫作法人（追溯欧洲的历史，法人的概念最早在欧洲指的是教会，而不是公司，最早教会是一个法人），那么“人格原则的目的是构建这样一个民族，它不是作为一个地域性的实体，而是作为人的联合。在同一个城市里，两个或者更多的民族可以建立他们各自的民族行政机构和民族教育机构而互不干扰。就像在同一个城市里天主教徒、新教徒和犹太教徒可以独立的参加各自的宗教活动而互不干扰一样”。这是他的一个基本的思路，其实这个东西在欧洲有些国家已经有局部的实践。但是当时还不是民族，讲的是宗教，比如德国。因为我在德国也曾经生活过一年，我就了解到他们就是这样一个说法，就是每个人缴的所得税里面，包括宗教活动的税。在德国也有类似户口的东西，也是有注册，就像是中国的户口这个制度。在注册的户口里面有宗教的这些东西，你交的税里面有用于发展宗教的、文化的、教育的等。这个与你的地域无关，这就叫作非区域性文化自治。我觉得这些在中国出现的一些由于改革开放造成的人口流动这种非地域性文化自治的问题，其实从奥地利马克思主义中可以看出来。但是我想这些还不是因为现在出现一些政策和现在新出现的一些现象，而是对理解中国本身的区域自治理论和实践来说，我觉得可以从奥地利马克思主义的理论实践中得到一些启发。

接下来，我说一下莱纳和鲍威尔与列宁和斯大林他们之间的辩论。列宁不喜欢莱纳和鲍威尔。为什么？他说“为什么多民族国家中的最落后者反倒应该被树为榜样？”这里列宁指责莱纳和鲍威尔，因为列宁和他们在私下里是认识的。大家知道列宁长期流亡在国外，参加了欧洲各个社会主义政党的活动，他实际上是在“十月革命”爆发前坐了一辆火车回到俄罗斯的。关于这件事情有一本非常著名的小说和一部电影叫作《到芬兰车站》。列宁与莱纳和鲍威尔在私下里是有接触的，列宁认为莱纳和鲍威尔把奥匈帝国树立为一个榜样。而斯大林在关于民族定义的那本书里面直接说：“鲍威尔的观点将一个民族与这个民族的民族性格等同，将民族与其所在的土地分开，而把它看作是一个看不见的，自我约束的力量。”这个很明显。我刚说你要理解莱纳和鲍威尔与斯大林的民族理论最大区别是，我们是否拥有一个共同的地域。就是说，根据奥匈帝国的历史特点，奥地利马克思理论学派认为，民族性格和斯大林说的前三个并不是完全一样,其实有一些共同性,但并不是完全的一样。根据鲍威尔的观点,他认为斯大林的另外三个观点是静态的,而他自己说的性格本质上说不是一个静态的,而是强调民族的命运是在民族的斗争当中形成的。它是一个动态的,而不是一个固定的东西。等会儿有时间的话,我会展开讲一下这个鲍威尔关于民族命运的理论。所以,无论是从理论上还是从实践上讲,奥地利马克思主义和奥匈帝国的解体对理解第一次世界大战结束以后出现的一些民族问题的理论,一些占支配地位的理论有很大的意义,而且这个理论在全世界的影响也是巨大的。所以我觉得民族的研究确实不是一个小问题,而是一个关于人类社会问题中最凝聚的一个东西。比如联合国,根据人类学家的研究,联合国承认全世界有三千多个民族,然而所承认的国家只有 190 多个。首先,就这样一件事情本身,大家就可以想象事情的严重性。如果按照我们通常说的民族国家,因为这个是在现代西方理论史上很关键、很主流性的理论,好像是说一个民族和国家。首先是联合国官方承认的这些民族都要成为国家吗?但是官方承认的国家只有 190 多个,但是他说的这些都和民族自决权这个理论是联系在一起的。民族自决权是第一次世界大战结束以后,由于奥匈帝国解体(而提出来的)。这是一个关键的东西,我一会要说到。我觉得很多研究者,尤其国内的学者还没注意到把民族问题与 20 世纪的全球史紧密地联系在一起。一本很有启发的书是《托洛茨基传》,这本书的作者是波兰的社会主义者,叫作伊萨克·多伊彻。由于他反对斯大林,他从波兰流亡到英国去了。但是他写的三卷关于《托洛茨基传》,现在我们中文都翻译出来了。以前是作为一种批评的资料,但是改革开放以后我们又把它作为一个正式的东西出版了。但是我觉得我们还是比前苏联要开放得多。为什么?因为虽然作为一种批评的对象,但是至少我们把它翻译了,但是前苏联都没有。中国虽然作为批评的资料,但是我们翻译得很多,我们了解得还是很多,比如萨特的很多东西,在中国 1957 年的时候就已经有了,甚至在剧场都有上演。

在我说的这个《武装的先知》这卷中,有一个关键点就是怎样理解《布列斯特—立托夫斯克和约》。这个条约作为第一次世界大战的一个重大事件,大多数历史学家以及包括我们国内的一些学者,他们把这件事在世界范围内的影响、对威尔逊的影响、对民族自决权这个理论的重要意义认识还不够。

所以我们民族政策的研究还缺少一个框架、一个历史和国际的视野。

我们介绍一下苏俄政府与同盟国,其实包括德意志帝国、奥匈帝国、保加利亚、奥斯曼土耳其帝国等。它们本来是一起的,后来美国参战。这几个国家,苏俄终止与它们的联系。我们一看就可以理解,也就是说,苏俄终止与德意志帝国、奥匈帝国等合作,再加上一个土耳其的战争状态。苏俄军队全面的复原,海军军舰驶回海港并解除武装;苏俄承认芬兰、乌克兰、格鲁吉亚之独立,并有义务同乌克兰人民共和国立即缔结和约;俄将爱斯特兰、利夫兰、库尔兰、立陶宛、俄属波兰等地割与德意志帝国与奥匈帝国,而上列各地今后之政治状态,仅德奥两国有权决定;苏俄撤出阿尔达罕、卡尔斯、巴统等省,由奥斯曼土耳其帝国接管;苏俄拆除阿兰群岛上所有防御工事,其未来地位由德奥瑞芬四国共同决定。大家看到这些是一些莫名其妙的一些东西,但是它最大的意义是什么?就是英法两国没有参加这个合约,这是前苏联单独和德国、奥匈帝国、保加利亚、奥斯曼土耳其帝国缔结的合约。当时有一个开玩笑的话,当时英美的报纸不理解"十月革命",他们最流行的一个谣言就是说列宁是德国的间谍。因为列宁从芬兰乘坐火车回到圣彼得堡,乘坐的是德国专列,他们是专门护送列宁回去的,这是个真事。当时列宁说,他是在利用德国。奥匈帝国这些国家希望俄国这个国家获得独立以后要单方面地停止战争,并且与他们缔结和约,而列宁和这个具体的谈判的人就是托洛茨基。而托洛茨基他主要的一个考虑和列宁的一样,就是说,他们是想结束这场战争。一个是沙俄经过战争已经伤痕累累,第二个是说列宁和托洛茨基基于他们的国际主义。他们认为,比如俄国的工人阶级不能打俄国的工人阶级,而且应该是第二国际最大。为什么列宁最后说,包括这些社会主义政党,他们回来都支持本国的政府坚持第一次世界大战。列宁就写了一个著名的无产阶级著作,即《无产阶级和革命叛徒托洛茨基》。他为什么是叛徒?叛徒就是说他也支持本国的政府,实际上这些党本来就是作为一个群众性的政党。我刚才也谈过,实际上在整个民主发展史上,民主主义就是社会主义政党,特别是德国社会主义政党,原来的俾斯麦有社会主义党法,这个还是俾斯麦专门在德国国会通过的东西。为什么其他的党都是一种精英式的,比如英国历史上的托利党和辉格党,这些党他们都不能申请入党,因为这些党都不是群众性的政党。在1887年以后,俾斯麦迫于压力,促使群众性的党合法化,自此民主党成为德国议会的第一大政党,所以他们的权力是很大的。他的最早的创始人是奥古斯特·倍倍尔。他们两个人都与马克思和恩格斯有直接的关系。马克思当时流亡在英国,他们都和德国第一代创始人的关系很密切,所以列宁批评他们这些党。到了 1914 年的时候,他们好多都在反对战争,有些人有点犹豫,但是他们很多人认为这个战争一旦发生,他们无法预知,这些政党也要支持本国的政府。我说了鲍威尔本人在第一次世界大战的时候,他也是参加了奥匈帝国的战争,并且在和沙俄战争的时候他本人被俘虏了。他在俘虏以后在沙俄被关了三年,在 1918 年才被释放回到奥地利。但是列宁和托洛茨基是坚定的国际主义者,所以在制定《布列斯特和约》的时候,这个谈判就很有趣。托洛茨基自己去了,他的主要助理也去了,他们去的时候,统一给德国那边的士兵发放传单,号召他们与不同国家的工人阶级在一起。大家知道马克思在《共产党宣言》里面有非常著名的言论,即工人无祖国,工人阶级无祖国。托洛茨基把这个放在《布列斯特和约》里面。同时,托洛茨基百分之百地支持民族自决权,这是他在《布列斯特和约》里面说的。这是我从这本书里面看到的,这本书叫作 *Political Origins of the New Diplomacy*(1917—1918),作者是著名的 Arno J. Mayer。他是集中研究威尔逊的"十四条纲领"的,也就是巴黎和会,这里面全都是讲这个原则。这本书根据大量的考证认为,在《布列斯特和约》提出之前,托洛茨基就提出了一个"六条"。这"六条"非常明确地规定了奥匈帝国的民族都要形成民族自决,允许他们组成自己的国家,这点是和奥地利马克思主义有不一样的地方。作为多民族的杂居,怎么可能每个民族都成为自己的国家,但是可以出现非地域性的东西,所以奥地利马克思主义认为奥匈帝国还是可以维持的,然而第一次世界大战的结果导致这个是不可能的。斯大林是无条件地要求民族自决。同时,在列宁和威尔逊的具体分歧和竞争上,这点非常有意思。但是由于时间的关系,这一点是没有时间讲。如果大家看威尔逊的"十四条纲领",他提出的这些纲领,他的核心就是签订公开和约,杜绝秘密外交。这条其实就是列宁和斯大林最强调的东西,就是《布列斯特和约》最核心的一个东西,即反对传统的欧洲大国的秘密外交。现在一些概念或者国际上的一些概念都是从《布列斯特和约》里面学习的,这个条约完全打破了 19 世纪欧洲大国外交模式。这个情况出现以后对威尔逊的震动非常大,比如他就明确地提出平时和战时海上航行绝对自由,取消经济壁垒，建立平等贸易，公正处理殖民地问题，兼顾当地居民的利益和殖民政府正当要求。这个本来是威尔逊不愿意谈的事情，但是在《布列斯特和约》谈判当中，托洛茨基特别强调这个。当时威尔逊身边有一位很有才的人，他本身有很好的历史眼光，他把俄国大革命和法国的大革命作了一下对比。他认为法国大革命以后这段时间是欧洲大国外交的重大变化时期，威尔逊也认为是这样。威尔逊说一定要对列宁有一个建设性的回应，才能够使美国在战后有一个主导性的地位。所以我们看到这些条约中，他必须要正确地处理殖民地的问题。比如外国军队撤出俄国，保证其独立性；德军撤出比利时，并恢复其主权；德军撤出法国，归还阿尔萨斯和洛林；根据民族性原则，调整意大利疆界；允许奥匈帝国境内各民族自治。他的这个条约里面有专门的针对奥匈帝国的处理原则。然后，他指出罗马尼亚、塞尔维亚和门的内哥罗的领土应予以恢复；承认奥斯曼帝国内的土耳其部分有稳固的主权，但土耳其统治的其他民族有在“自治”的基础上不受干扰的发展机会；达达尼尔海峡永远开放为自由航道；重建独立的拥有出海口的波兰，保证其独立和领土完整；根据国家不分大小、相互保证政治独立和领土完整的盟约，设立国际联合机构。大家知道“国联”就是联合国的前身。威尔逊本人提出这个纲领以后，他在巴黎和会上承认成立“国联”，但是美国参议院没有批准美国加入“国联”。虽然这是美国的主张，但美国没有加入，所以这使得“国联”的意义不是特别大，“国联”不能很好地阻止一些事情的发生。我认为这本书的最大意义在于威尔逊的“十四条纲领”对民族自决的一个关键点与列宁的《布列斯特和约》结合在一起，其实把整个社会主义革命，包括中国和前苏联的密切关系以及怎样理解民族自决权这些问题都联系在一起，所以我说民族问题是一个特别大的问题。

我有一次参加党代会。在党代会开始的时候，全体站起来唱《国歌》，但是在党代会结束的时候，大家起立奏《国际歌》。所以我就想为什么是“奏”《国际歌》，而不是在“唱”《国际歌》。我的一个假设可能是，大家可能是记不住国际歌的歌词，所以只能奏。但是这个“奏”还是很有意思，为什么？这是中国共产党的一个自我的认同，他们与国际主义有密切的联系。我讲到整个民族自决权的理论的时候认为，它和整个世界的格局以及与国际有密切的关系。现在中国一些新的主流理论，比如说我们有民族区域自治制度，但是这个有很复杂的演化过程。第一，它是从前苏联民族自决权这里面演化过来的,但是它又与前苏联有不同的地方。刚开始在1922年的时候,中国党纲里面就明确地写到允许蒙藏各族独立,组成自己的国家,不要受到当时统治阶级的压迫。这个是写在"二大"党纲里面的。但是后来在抗日战争当中,特别是经过长征以后,中国共产党对中国的民族问题有了新的认识。尤其是在长征过程中,比如过草地,比如在四川阿坝这些有很多少数民族的地区等。但是总的来讲,其实红军长征的时候,就是1935年,红军在宁夏成立了第一个回族自治县,这些和国民党都不一样,无论是国民党在新疆的时候,还是他们到我国台湾地区以后的政策,他都是一概不承认,他都认为是统一的,所以他就叫作民族主义。国民党他们完全是按照西方比较经典的国际民族的理论在做,所以叫作民主主义。共产党更多地是和国际主义的传统联系在一起,这里面有一些很复杂的演化。所以经过这样一个对民族问题的演化,后来(中国的状况)和前苏联的有很大的不同,但毕竟还是和前苏联的民族自决权理论和国际主义的传统有很大的关系,是一步步演化过来的,共产党和国民党不一样。在台湾地区"解禁"以后,台湾地区少数民族的地位,比如高山族等现在都承认,好多台湾地区电影都反映这个东西,所以中国现在政治是经过了很大变化的。

现在我直接转入从奥地利马克思主义如何来理解中国这个话题。刚才我觉得隐含的一个最关键的就是奥匈帝国关于马克思主义的解释,它最强调的就是对民族的杂居性解释。大家知道,李维汉是中国民族政策的一个重要的人物,所以周恩来和李维汉他们两个高度总结和概括了中国民族的特别性,我觉得与奥匈帝国里面几乎是一致的。他这样说,"新中国的一个基本少数民族政策是民族区域自治。中国没有实行民族自治共和国制度是因为许多民族在地域上已相互之间紧密联系无法分割。历史上,多个民族聚集生活在一起,相对很少,甚至几乎没有一个民族单独生活在一个独立社区的情况。这种状况使得民族合作和民族区域自治成为可能"。但是大家可能会说,比如西藏问题。这个也是2008年我在康奈尔大学争论最多的一个问题,他们就说西藏难道不是他们相对集中的地方吗?但是这里有一个问题就是说,尽管西藏相对来讲是藏族比较多的一个地区,但是即使在拉萨也有相当多的杂居成分。大家知道为什么吗?因为藏族的佛教也是不能杀生的,但是由于住在高原地区,他们需要吃肉来御寒,所以从很早的时期,他们必须是穆斯林的人在拉萨来负责这些东西。即使在拉萨和西藏自治区本身,它也有杂居的成分。我承认在西藏这个地区相对杂居比较少,但是一会我会说到,其实藏族在四川的阿坝、在云南和青海一些地区有杂居,而且非常显著。所以说这个杂居的情况,等我一会我会和奥匈帝国作一下比较。根据周恩来的解释——但是大家到现在还没有得到理论上的充分理解——他说,"民族区域自治恰当地将民族自治和区域自治、经济因素和政治因素结合在一起。这种制度是一个新的,至今为止的历史上没有过的创造"。这是周恩来的原话。这也就是说他与前苏联的民族自治共和国是不一样的,前苏联的宪法是全世界唯一写到各个民族的自治共和国都有权自愿地撤离出去的宪法。现在的美国在南北战争的时候也不能这样,美国也没有写这个,只有前苏联有。这就是前苏联的彻底的国际主义,也是列宁和托洛茨基思想的一个体现。但是这个是有它的一个问题,这个结合与奥匈帝国以及与中国的实践再展开一下。周恩来已经明确认为这是一种新的制度,其实怎样理解民族自治,其实它是一种政治与经济结合在一起的设计。一般学界没有理解这个而是把这个作为政治口号来理解。1980 年,我在《费孝通文集》里面看到七八句话,他有一篇文章讲到,这个在 1980 年只有费孝通理解。因为当时李维汉是国家民委的主任,费孝通是民委的副主任兼教授。当时他说,他在 1979 年访问加拿大美国的时候,他才理解中国民族自治制度为什么是历史上的一个创新。因为早在印第安人保留区可以理解为一个民族自治,但是只是一个民族自治,没有把民族自治和区域自治结合起来。最近大家看西方的报道可能知道,美国的印第安人长期得不到发展,而且这个地方的自杀率很高,所以他们决定在这个印第安地区也开设赌场。这个也产生一些争论,因为在印第安保留区确实有一套很复杂的自己的一些法律,确实有自己的法律自治,因为在其他的地方是不允许开赌场的。这个说明了什么?就是没有把民族自治与区域自治结合起来,而是把它变成一个纯粹的民族保留区,它和周围不是一个开放的政治经济系统,所以它不能发展起来。所以周恩来自己举例说,比如广西壮族自治区成立的时候,关于边界的划分有很多的讨论。特别是内蒙古自治区成立的时候——它是五大自治区最早成立的。当时就包头是不是划入内蒙古自治区,周恩来和李维汉主张包头要划入。为什么要把包头划入内蒙古?周恩来说民族自治和区域自治结合,因为包头有工业,要把工业带入到民族自治区经济民主开放的这样一个环境之下。周恩来有一个论述,是1956年周恩来在青岛民族会议上的论述,这个论述与奥地利马克思主义中很多民族理论不谋而合,甚至有的词都很像。周恩来是这样认为的,他说:“长期以来,汉民族统治着中原地区,并侵入兄弟民族居住的其他地区;但是也有相当多的兄弟民族侵入并统治中原地区。我们经常说新疆是少数民族集中区,但是新疆有十三个民族,不是一个。相比较而言,西藏比较单一,但这仅仅是指西藏自治区筹委会管辖范围内。而在其他地区,藏族也和其他民族生活在一起。”比如我们说我们的四川和青海以及云南这些地区都很明显,这个解释我觉得与奥地利马克思主义很关键的一个解释是一致的。“长期以来,汉民族统治着中原地区,并侵入兄弟民族居住的其他地区;但是也有相当多的兄弟民族侵入并统治中原地区。”比如元朝和清朝都是这样,少数民族入驻中原,并且统治了中原。同时,毛主席和达赖喇嘛见面的时候——当时达赖喇嘛很年轻,毛主席就跟达赖喇嘛说你们藏民非常了不起,在公元8世纪就已经打到了长安。鲍威尔和斯大林的不同在什么地方?因为俄罗斯在这个民族的演化过程中是俄罗斯这样一个民族的单向扩张,但是中国不是这样,中国是一个双向的扩张。不是说汉族这样一个民族向中原的入驻,而是一个多向的扩张过程。而奥匈帝国在1886年的普鲁士与奥地利战争使得德语民族在奥匈帝国里面并不是占优势,这个帝国的形成是一个单向的统治还是一个多向的互相统治而产生不同的结果。而且这种双向的,无论是在中国还是在奥匈帝国,其都形成了很多的民族杂居的地方。就像周恩来说的是一个“大杂居、小聚居”。

台湾有一个著名的人类学家叫王明珂,大家可能看过他的书,有本书非常有意思,叫作《游牧者的抉择》。大家知道很多民族是游牧性的,比如藏族,很多人类学家认为藏族是半个游牧民族。美国哈佛大学有一个非常著名的法学教授安格尔,在他的社会理论第三卷里面,即《权力的弹性》,他对马克思主义进行批判。因为传统的马克思主义多数是从农耕民族的角度来理解人类历史,就形成了所谓的原始社会、奴隶社会、封建社会、资本主义社会和共产主义社会。但是从游牧民族的历史来看,我们很难这样划分,这也是前苏联历史学家一直以来的一个很大的难题。莫斯科曾经也被蒙古民族征服过,莫斯科作为一个城市是在公元9世纪才开始形成。由于前苏联受游牧民族统治时间特别长,所以前苏联对移民民族历史的研究很深。但是他们的研究又与传统的马克思主义有一个冲突,即在游牧民族里面找不到封建社会这个阶段。美国哈佛大学的安格尔教授从移民民族的角度来对整个世界历史的秩序进行了重新梳理。还有王明珂主要是对中国周边的一些民族进行梳理,比如匈奴等这些少数民族的入侵,但是他没有直接借鉴安格尔的理论,但是有些东西是相通的。四川大学历史学教授石硕有一篇很重要的文章,叫作《西藏文明东向发展史》,不知大家看过没有。我觉得这个对我的启发特别大。他解释为什么西藏文明这样,就像毛主席见到达赖喇嘛说的那样,公元8世纪他们就已经打到长安。现在为什么我们的四川、青海、云南等地区有这么多藏族人民,其实就是后来他们又被中原打出去,他们在撤退的时候没有全部撤退回去,他们留下一部分人,就形成了现在的杂居状态。大家知道十四世达赖喇嘛他本人是生在青海,当时他本人要到拉萨去就职,但一直找不到合适的人去护送他,后来他就跟随青海的伊斯兰商人去拉萨。所以可以看出,杂居在青海、宁夏、四川等这些地区的情况是和历史上帝国的双向性过程,而不是单向性过程有密切的联系。石硕这里面有很多很精彩和具体的研究,这些研究非常有意思。石硕在这里面还解释了蒙古为什么有藏族,而且这里面的藏族为什么没有藏族的那么有影响力,这个是非常有意思的地方。但是他的研究还是使用了斯大林对民族定义的四大要素来解释。但是有意思的是他引用了意大利学者杜齐在《西藏中世纪史》一书中,曾对"藏民族"这一概念的内涵作过如下阐述:"这样从东到西的种族集团的散布,很自然地引起对先来土著的吸收和同化……如此看来,藏族人口远非出于一源,其实藏族本身也不是一源。虽然在今天,这里语言和宗教是相同的,习俗也是一致的,但我们愈往西部和南部走,就愈发现人们在身体特征上有很大的差异,就是最粗浅的观察者也不会忽略掉。虽然几个世纪的混合和共同生活把许多来源不同的种族融合在一起,但这个差异还是明显的……西藏的合成的人口,包括混合在一起的许多不同的集团。"我国著名的历史学家顾颉刚,他有一篇非常著名的文章《中国无所谓汉族》。意思是说汉族本身就无所谓汉族,汉族本身就是混合形成的。石硕其实最后还是把藏族按照斯大林的关于民族概念来解释,即"民族是人们在历史上形成的一个有共同语言、共同地域、共同经济生活以及表现于共同文化上的共同的心理素质的稳定的共同体"。根据这一定义，“藏民族”的概念就应该具有上面的内涵和特点。我觉得石硕教授的书非常精彩，但是他还是使用了斯大林的民族四大要素，我觉得这是美中不足的一点。石硕认为藏民族的最终形成是在公元 7 ~ 8 世纪前后。这个我们现在不会具体地展开讲。

我现在转入政策和奥地利马克思主义与前苏联等它们之间的关系。大家知道平措汪杰是一个藏族的共产主义者，他先后组建藏族共产主义小组。很有意思的是他的这个党籍问题，因为后来他被关进大牢。后来有一个英文文章讲关于他的传记，里面讲到他的党籍很难确定。为什么？因为他并没有加入中国共产党，他一开始是看到列宁的论民族自决权的文章，他本来是想去投靠共产党，但是他一直没有找到中国共产党。所以他就直接闯到前苏联大使馆，成立了“藏族共产主义革命运动小组”。后来先遣部队进入拉萨，他担任翻译。根据这个传记，其实里面有很多有意思的地方。这个传记的作者是美国著名的传西方藏学研究的梅·戈尔斯坦，他有一本很著名的书叫作《喇嘛王国的覆灭》，但是完全的中文翻译还没有出来。他写了一个《平措汪杰传》，在这个访谈里面江泽民和他谈了很多，因为他是一个经验非常丰富的人。他在传记里面说，在 1954 年，毛泽东接见达赖、班禅的时候，平措汪杰担任翻译，所以他跟中央的人还是比较熟。我们只是从理论的角度来说，这个平措汪杰很兴奋，因为他是最早从列宁那里学到民族自决权的，列宁是和整个国际主义联系在一起。如果大家看我的网页的话，我让我的博士生用电子扫描了一本平措汪杰在监狱里面写的哲学书，主要是对辩证法的论述。他里面的一些东西我们觉得很可笑，但是他很认真。后来产生冲突的一个原因，可能就是在藏族划分时候被认为是有民族主义的倾向，我觉得可能他受到列宁和斯大林等人的影响。如果在民族杂居的地方，比如云南、四川、青海和宁夏等，如果把西藏居住区边界划分得太大，所谓达赖喇嘛说的“大藏区”，这不仅会引起和汉族的冲突，还会引起和其他少数民族的冲突，因为这些地方已经是高度杂居的地方。所以在康奈尔大学与他们有一个讨论，就是达赖喇嘛说的，“我经常明确和公开地宣称我并不追求西藏的独立。我意识到，在一个不断变化的世界里，一个较小的社区或民族能够通过和一个较大的国家的合作而获利，核心是藏人要有真正的自治”。所以西方大部分的理论认为中国的政府非常不理性，因为他们要求的不是独立，他们只是要求自治，为什么还不让达赖喇嘛回国来领导西藏的自治？但是美国另外一位藏学家有一本书，现在也翻译成中文，叫作 *The Making of Modern Tibet*，他说，“要理解这种状况，至关重要的是要明白有两个西藏。当北京说西藏的时候，它是指西藏自治区；当达赖喇嘛说西藏的时候，他是在说面积三倍于西藏自治区的大藏区。历史上，达赖喇嘛自从18世纪中叶就从未统治过这些外围地区。在1913年的Simla会议上，十三世达赖甚至愿意签署文件放弃对它们的权利”。因为这些地区已经高度杂居了。达赖喇嘛所谓的“大藏区”不仅包括西藏自治区，8个藏族自治州，1个蒙古族藏族自治州，1个藏族羌族自治州，两个藏族自治县，而且包括除此之外的很多地区。它包括整个青海省，四川省的一半，甘肃省的一半，云南省的四分之一，以及新疆维吾尔自治区的南部。囊括了超过1/4的中国领土。它还包括以下非藏族地区：青海海北门源回族自治县、海东化隆回族自治县、海东互助土族自治县、海东循化撒拉族自治县、黄南河南蒙古族自治县、海西蒙古族哈萨克族自治州；云南怒江傈僳族自治州、玉龙纳西族自治县、贡山独龙族怒族自治州、宁蒗彝族自治县、大理白族自治州、楚雄彝族自治州北部；四川阿坝藏族羌族自治州、凉山彝族自治州西部；甘肃临夏回族自治州、张掖市肃南裕固族自治县、临夏积石山保安族东乡族撒拉族自治县、酒泉市阿克塞哈萨克族自治县、酒泉市肃北蒙古族自治县、河西走廊甘南诸县、新疆南部，等等。我说这些意思是什么？如果从奥地利马克思主义来看，非地域性民族自治和一个法人民族就可以明确地理解“大藏区”理论确实是有比较大的问题。但是在西方的讲法里面没有，因为西方人不了解这样复杂的情况，所以他们就觉得达赖喇嘛是非常和平理性的。所以达赖喇嘛说的很多话，我觉得很可能是针对西方理论说的。比如达赖喇嘛在 *Freedom in Exile* 中写的那样，这个我也不能完全的确定。他说“在我们国家的东部，中国人（汉人）人口现在已经大大地超过了藏族人。例如，在青海省（包括了Amdo，就是我出生的地方），有250万中国人，而仅有75万藏人”。所以在这个语境里面他完全没有一个多民族杂居的概念。就是说西方大多数民族理论里面，不管是列宁还是威尔逊，他们的主体理论在民族自治这个方面是一致的。他们没有一个理论的框架来思考所谓多民族国家，尤其是多民族杂居国家的政治问题，他们没有这种意识框架。所以达赖喇嘛在 *Freedom in Exile* 中又说，“这种人口的转移并不新鲜。中国在其他地区也系统地运用过。满族就已经远离了他们自己的文化和传统。今天仅有 200 万～300 万满族人生活在满洲，而有 7500 万中国人生活在那里”。这个好像在说中国压迫了满族，但是我觉得这些完全是错误的，其实满族打到中原，形成了像奥匈帝国这种双向的情况。当然美国国会声明，虽然不是正式的，他说中国对西藏是非法控制。其声明说，“西藏，包括那些并入到中国四川、云南、甘肃和青海省的地区，根据现有的国际法原则，是一个被占领的国家。西藏在历史上一直保持着一个与中国相分离的独特的主权的民族、文化和宗教认同。除了中国非法占领期间，保持着一个分离的和主权的政治和地域特征”，等等，这是在 1991 年通过的。如果从奥地利来讲的话，这些话错误性很大很明显。《喇嘛王国的覆灭》这本书的作者在里面解释说，“流亡政府致力于大藏区的重建。它将把政治的和人种的西藏统一在一个行政体下……这一直是西藏政府的目标（如 1913—1914 年的西姆拉谈话），但它对流亡政府尤为重要因为许多藏族难民来自这些地方。”其实这是一个很复杂的问题。因为 1959 年达赖喇嘛跑到印度，这个很大的原因是，当时我们说在西藏不进行土地改革，当时在其他的省比如四川和云南等进行了土地改革。当时所谓逃出去的人是上层有很多土地的藏族统治者。所以说奥托·鲍威尔与马克思在这一点关键上有联系，叫作民族的社会主义问题。我刚开始讲到鲍威尔妹妹是弗洛伊德研究移情理论里面一个最早的案例，所以鲍威尔在里面简单地说道，民族问题在阶级上也有一个类似弗洛伊德移情的东西。其实很多民族仇恨是一种阶级仇恨移情的反映。我们也谈到，新疆的很多冲突实际上是一个阶级问题，比如汉族的商人他们雇用了很多汉族人，而维吾尔族人觉得自己没有汉族人能干，所以这是一种雇佣劳动在阶级上的一个问题。但是在多民族杂居的地方，阶级的冲突往往被移情转化为民族冲突上。其实汉族和回族在 1949 年之前就迁移到这些地方去了，很难看到中国政府把四川、云南、青海等地迁移到西藏。所以这次十八届三中全会有一句话，叫作“市场在配置资源中起决定性的作用，但也要更好地发挥政府的作用”。但是我觉得在一个少数民族和多民族杂居的地方，怎么样很好地理解市场决定作用？就像我刚才举的一个例子，市场没有政府在雇佣方面的时候，劳动力市场该怎样的规定？比如没有规定雇用多少少数民族的人，如果完全按照市场机制来决定怎样的话，可能这种民族冲突会越来越大。

还有一点,根据研究发现,M. Goldstein 说“达赖喇嘛本人并不反暴力。实际上在一个最近电视采访中,达赖喇嘛对一个关于佛教和暴力问题作了有趣的回答。他认为意图(intention)比行动(action)更重要。如果行动,甚至是暴力行动,如果出于纯粹的意图,就不是邪恶的”。这里所以说有一个非常复杂的问题。我刚才讲到平措汪杰他为什么先到前苏联大使馆对国际主义感兴趣,后来转到中国共产党。我讲的大部分例子在西藏,但是在新疆几乎是一个类似的机制。新疆三区革命,这个很有意思。当时国民党的治疆政策,当时蒋介石派遣张治中去治理新疆,所以我说国民党是没有民族自治这些理论和东西,所以就发生了一个很大的三区革命。其领导人是阿合买提江,但是 1949 年被暗杀了。几年前阿合买提江夫人出版了关于他的一本回忆录,她把新疆“三区革命”和前苏联的关系以及历史都写得很具体,我觉得有启发作用。今天同学们如果没看的话,我觉得值得看一下。我说这个整体意思是想说,无论是阿合买提江还是平措汪杰,他们对中华人民共和国和中国共产党的认同是和他们这个国际主义的背景有着很大的关系。所以最后我的一句话就是,我总体的一个意思是说,这个民族问题是一个有着很深的、全球的、国际的背景,它与中国共产党和国民党有什么区别,他们之间的一个关系,所以很急迫。而且我们分析这个民族问题的视野也要相应地扩大。虽然我的这个观点不成熟,但是我同意潘教授的邀请和大家讲一下这个,这个也不是一个有完全确定结论的东西,所以这个讲座对同学有点启发的话,我作为一个图书管理员的功能向大家介绍一些研究。其实是从全球视野来研究民族问题的相关的图书,我就是这样一个功能。谢谢大家。

评议与讨论

潘蛟:我们现在进行下半场的讲座。我还是先说说我的感受和心得体会。首先我很感谢崔教授,他很谦虚老说自己是外行,但是今天听他讲来,他的研究很系统,他读的书比我读的书还要多。比如奥托·鲍威尔等人的著作,我们也许只读一些著作,其他读一点点。但是他读得比较深,比如列宁与鲍威尔等人之间的一些关系。这些我是第一次听到,这给我带来新的知识和新的书。关于列宁和威尔逊的自决关系,说实话这个确实是想过,但是确实是没有弄明白。但是这次讲得比较清楚。在这些问题里面,关键的问题是鲍威尔"文化自治"这个问题。文化自治就是超越地域性的,在中国民族理论界还是比较熟悉。确实斯大林的概念是批评鲍威尔,就是一个民族地域和民族性格。它是民族核心和要点,有的说是一个地域性的。这个问题大概也快一百年时间,在今天又突出来了。因为今天是一个少数民族,不是说以前这样一个移动形成一个杂糅的形态。还有一个就是交汇的历史出现一个这个杂糅的形式,用民族原则来重新划分国家的边界,这会成为一个问题,刚才也讲到。比如民族的清洗,这是一个很惨痛的东西,在历史上这种事情是很多的。但是现在有一个新的现象,即一些族群面临一个去地域化的问题。在国内我们也能看到,尤其是在改革开放以后,比如朝鲜族在青岛的现象。以前民族区域自治怎样来维持这种情况?在这些地域,有的汉族在进入,而朝鲜族在青岛,是否给他们政治上的一个考虑和安排,这些都是一个问题。我觉得今天拿出鲍威尔的理论来考量的话,我觉得很有必要,对民族关系发展的形式确实有启发作用。这里面谈到的是一个很关键的问题。我很惊讶崔教授对国际运动史的熟悉程度。

当然当时列宁提出,第二国际对殖民主义统治也有很多讨论。列宁要坚持国际主义的原则,每个人在这个国家主义中能够为国家战备。但是国际主义的工人为了无产阶级的目标而要进行斗争,当然这个引争议。关于列宁是不是德国的间谍,也许列宁是在利用德国。但是最关键的问题就是要超民族。其实列宁在谈论民族的时候,他是一个历史的范畴,包括斯大林说的。这个历史的范畴意味着这个民族是要消解,最后是一个无产阶级可以超越民族。民族是一个历史阶段的产物,尽管它与资本主义上升时期是联系在一起的,但是早晚会回来。所以从这个来看,我们可以看到这可能是两个两套不同的原则和体系,尽管列宁提出民族自决原则。有一个沃克考勒谈到,他认为列宁主义和共产主义基本把民族主义运动当作一个策略,就是要建立一个超越民族的东西。而且民族自决在这些人认识到这些自己利益的话,他们就会合成一个联盟。回顾这些问题很重要,确实民族原则和民主主义确实给这个世界带来了很多麻烦。但是从当时情况来看的话,在 20 世纪初的那个年代,民族原则战胜了民族自决,因为最后的情况是按照民族原则来划分奥匈帝国,或者按照民族原则而接受了沙俄遗产来这样做。但是这样做的结果并不意味着解决了问题,其实又造成了很多问题。就像我们刚才说的波黑民族清洗,土耳其对亚米尼亚的清洗,包括现在我们面临的一些问题等。所以在这个时候,我们看到民族研究的困境和思路以及整个世界动荡不安、很多悲剧等情况。人们重新来读这个文化自决是否是一个方案?但是就我了解的前苏联,即在它解体以后,俄罗斯的民族理论也是在重新调整,比如就文化自治等问题拿出一个方案,因为在解体以后,俄罗斯这个国家本身要面对各种民族流动,他们处在一个来回的流动过程当中。听俄罗斯一个很有名的民族学家讲,其实他们这样的流动最后变成为一个法人群体,其实就是让他们自愿结社,国家不一定在政治上给他们一定的安排,或者给他们一个政治上的承认,使他们可以参与政治当中。这个是真正的自治。其实这样的方案,比如朝鲜族在今天的青岛,他们在青岛的结社能不能被承认,承认以后他们的地位等,这些其实真的很有价值。今天谢谢崔教授对这个理论的系统梳理,这个梳理不仅和历史联系起来,而且与现在和未来也联系起来。我的发言结束了。

学生:老师您好,请问:马克思主义在其他国家并不被接受,在我们中国被接受下来,是不是马克思主义的一些理论与我国传统有一些契合的地方?

崔之元:我简单回答一下这个问题。我建议你可以看一下李泽厚先生的《近代中国思想史》和《古代中国思想史》。他特别强调马克思主义中国化和中国马克思主义实践理性,这个确实是有关系,这也是李泽厚的观点。但是我今天的报告不在这个特别一般的意义上谈。其实我有几个特别的地方来谈这个东西,就是有几个微妙的关系我今天没有展开,我不知道大家是不是体会到了?我在这里面有对马克思主义的批评,因为这是奥地利马克思主义,它和我们主流马克思主义不一样。但是你刚才说为什么中国和马克思主义会很深入,我觉得这是一个实践的问题。刚才我们说到长征的时候,为什么我们说习仲勋很年轻很重要。为什么?因为习仲勋这个人非常低调。最近我们纪念习仲勋诞辰一百周年的规格很高,但是如果他本人现在还活着的话,他肯定不会同意这件事情。为什么?因为他在1962年的时候受到过批评。原因是什么?因为有一个作家写过陕北地区的一个小说,这个小说其实是反映刘志丹和高岗以及习仲勋,这个主要讲述他们三个是陕北根据地创始人的故事。但是刘志丹牺牲了,高岗又出了一些事情。我说习仲勋这个人很谨慎,为什么?因为习仲勋从来不谈党的历史,因为他怕被别人误解。大家知道长征,陈云曾经写过一个回忆录,当时是派遣陈云从上海取道新疆再到前苏联。其实红军长征的目的地是新疆,因为这里靠近前苏联。长征在这个过程当中有一个故事说,毛主席在靠近陕北的一个邮局里面偶然发现一个报纸,上面说刘志丹、高岗和习仲勋在延安有一个根据地。毛主席原来是不知道的,后来在邮局看到这个以后才决定不去新疆。但是这个历史很复杂,因为后来有历史学家也在开放的时候公开说,这个东西也可能不是在邮局里面看到的,他可能已经知道。就说到底是中央红军救了陕北根据地,或者是陕北根据地救了中央红军,大家都不愿意公开谈论这些事情。我说的意思就是,中国共产党从中国的国家主权与传统所要求的方面讲,中国共产党做得比国民党要好。但是我觉得从这个诉求和实践来讲的话,他们和国际主义之间的关系非常深。为什么?很多新的历史学家,包括我们说的沈志华、杨奎松,他们重新研究张学良的档案,有人说张学良已经秘密加入了共产党。他有很重要的一个点说,当时蒋介石的军队其实在军事力量上是完全可以占领延安的。但是当时为什么他们犹豫?一个很重要的原因说,在第二次世界大战开始的时候,因为美国和英国都没有参战,美国和英国都不明确是否支持国民党,当时只有前苏联是支持国民党的。根据杨奎松等人对张学良档案研究,蒋介石考虑到中国共产党与苏联的这种关系。因为第五次反围剿结束以后,共产党的军事力量是非常弱的。国民党犹豫很多的原因是考虑到共产党与前苏联的关系,因为前苏联当时还是唯一支持国民党政府来抗日的国家,因为前苏联也受到日本的威胁。我说的意思是说,不管斯大林的国际主义是真的还是假的,我觉得列宁的国际主义是真的,其实斯大林的国际主义是假的,因为斯大林的国际主义只是为了前苏联的利益。但是他既然承认中国共产党是国际共产主义中的一员,共产国际是在 1943 年解散的,为了全球反法西斯战争的统一战线才解散了共产国际,所以共产党才不是共产国际的一部分。虽然不是共产国际的一个支部,但是有这样一层关系。其实蒋介石有一个意思,也许是蒋介石利用了中国共产党和前苏联的这样一种关系来取得对他抗日的支持。我说的这段历史在事实上来讲的话,中国革命确实是世界革命的一部分。所以我说不能简单地说西方马克思主义。确实我说的关于对威尔逊和列宁这本书的考证,其实就是对《布列斯特和约》的一个反应。他觉得这是一个建设性的反应,因为当时列宁确实有一个战略工具性的考虑。因为"十月革命"以后,俄国的军事力量还是很弱,所以他特别强调让波兰和芬兰完全独立,这个是对沙俄的一个根本性的背叛。包括孙中山,为什么孙中山在香山临终的时候有遗言,其实这是孙中山写给俄国的同志的。因为当时列宁把沙俄在中国占领的殖民地归还给中国,尽管斯大林最后一直拖着不归还。列宁发表的言论对孙中山的民族主义还是有非常大的影响力。列宁觉得如果让德国和奥匈帝国都同意休战的话,他说他搞这个民族自决权完全是有利于这个国家的和平。当时列宁已经认识到这些民族自治运动在整个奥匈帝国里面已经有非常摧毁性的作用,其实他是用这个来迫使《布列斯特和约》能够签署的一个意义。所以我说我们这里的民族问题其实是一个全球性的民族问题里面的一部分。其实我们的主流完全是斯大林的那个,但是我觉得斯大林的那个最多是考虑到俄国的情况而没有考虑到中国的历史情况,因为我觉得中国的历史与奥匈帝国的历史可比性更多一些。

学生:我讲一下我的两点理解。第一点,我们对民族自决权的理解脱离了列宁的本意;第二,承认民族自决权是对波兰问题的体现,承认民族自决权是其背后的政治考量,包括文化自治之间的论战。这两点我不知道我理解的是否正确,我想请老师说一下。

崔之元:这个问题非常复杂,但也是非常重要。你刚才说到这个,我建议你可以看一下 1920 年列宁写的《民族和殖民地问题提纲初稿》,这个其实和托洛茨基在《布列斯特和约》里面谈判的一系列对助理的指令。我说到在《先知三部曲》里面,它有非常具体生动的描述。他把全世界分为三个部分:一是发达国家的民族主义,现在说的就像奥匈帝国和土耳其这些都有。还有一个就是殖民地,像中国和印度等这样一些国家。他认为社会主义的战略在这三个地方是不同的。现在我的一个看法就是,列宁和斯大林等人确实还是有一个很大的局限,就是相对更多地把民族自决权绝对化。我觉得我们可以借鉴奥匈帝国的东西。周恩来和李维汉所总结出的"大杂居、小聚居"正是从这里出来的。我提出鲍威尔对我们有启发意义,就是因为他对传统主流的马克思主义有一个全面的创新和突破。如果我们在脑子里面总是想不透,总是带着一个锁链跳舞的感觉,就无法应对一些问题。比如我们的一些地方干部就在互相猜测,这个会议讲的是什么意思等等。所以我觉得这个民族问题在整个我们国家里面的理论现状现在处在这样一个比较关键,但是又比较模糊的状态。

学生：首先非常感谢崔老师的这个讲演。今天收获特别大的就是刚才崔老师讲到的“民族法人”这个概念。我知道您讲这些是在一个很严密的一个体系里面和逻辑中谈这些过程，您的这个想法后来显然对我们处理民族问题是有益和有启发的。我的问题就是这种“大杂居、小聚居”的混合形式实际上与现在的流动性不是一个问题。这个流动性就像潘老师刚才讲到的，人从延边流动到青岛，是人的流动。我觉得流动性是全世界一个理念，我关心的问题不仅仅是人的流动和物资的流动，而最主要的是观念的流动。还有一个就是持续的流动，就是从一个地方到另一个地方。还有一个就是频繁的流动，就是去几天又回来，这个已经是常态的问题。不管是地域方式还是文化的方式。我的问题是，从鲍威尔思路下来，对于全新的流动性、复杂性和常态性是否真的有启发，还是仅仅只能处理一个混杂的问题而已？

崔之元：这个问题我觉得非常重要。民族“文化法人”这个概念，鲍威尔提出的时候是针对奥匈帝国杂居的局面，但是在这个人口大流动的情况下，说延边的人都走空到了青岛，在这种情况下，我觉得这更加地凸显出来，就更加反映出非地域化法人的重要性。中国 1984 年就通过了《民族区域自治法》，现在我们的自治县和自治州都已经出台了，有贯彻民族自治法的实施条例，但是我们的民族自治区都没有这个，比如西藏、新疆、广西、宁夏和内蒙古等自治区。为什么现在自治县都有了，而五大自治区为什么没有？因为在这里面很难界定哪些民族事务是属于五大自治区管辖的区域。当时王建民教授不是举了一个例子说，对于清真食品法，他参与制定很多年，但是到现在这个清真食品法还没有出台。我觉得我们确实要有一个明确的民族法人概念。所以我说，鲍威尔的理论在人口大流动、各个民族杂居的情况下，就更加凸显出其重要性。这就是我的一个初步感觉。我们没有一个法人立法的时候，这就不利于五大自治区出这个实施条例，这就是为什么总是出不了这个实施条例的原因。比如对于这个清真食品这件事情都处理不好。我觉得这些都是在一定的概念上说的，首先要突破才可能在清真食品的立法上取得突破。

潘蛟：我们再一次以热烈的掌声感谢崔教授给我们做的演讲。

社会发展视野下的公民权

——基于韩国的经验

主讲人：张庆燮（韩国首尔大学社会学系教授）

主持人：潘蛟（中央民族大学民族学与社会学学院教授）

翻译：朴光星（中央民族大学民族学与社会学学院副教授）

今天是周末，我今天来讲课好像耽误了大家周末的休息，感觉很对不起。民族大学应该是全国最好最大的大学，因为民族大学有全国56个民族。昨天我讲了，一个社会的发展包括政治、经济、文化、社会等方面，今天要讲的是发展当中需要面临的一些深层次的问题。理想状态下，政治、经济、文化、社会这几个方面应该是相互和谐、相互促进的，但是这恰恰是很难做到的，韩国社会也一样。韩国社会经过几十年的发展，虽然从表面上看已经取得了很多的成就，但是社会、经济、政治、文化等诸多方面处在不太和谐的状态中，所以从这方面讲韩国社会的矛盾比较多，比较混乱，国民也感到比较疲倦。我们想分析判断这几个方面，公民权是一个很有用的分析工具。

有关公民权的理论和讨论主要来自西方。根据西方的社会历史脉络界定公民权的概念，不足以研究非西方国家的问题，不能直接套用到非西方国家社会问题的分析当中。为了分析韩国公民权的问题，我自己发明了一个概念叫"开发公民权"，今天主要是以"开发公民权"为主进行讲解。

公民权与制度和社会惯性有关，反映一个社会政治文化的特点。从制度上说，美国有宪法，宪法具体规定了国民的权利和义务；除了宪法，在政治社会网络上也存在一种共识，我们怎么去维护人的权利和义务。所以公民权既是制度层面的问题，也是政治社会领域共识的问题，与国家微观领域也有相对关系，怎么去确保公民权可能是中央民族大学需要面对和研究讨论的一个很重要的主题。所以说公民权既是哲学思想的东西,也是一个学术理论的东西。

从哲学角度说,自由主义是西方探讨公民权的指导理论。哲学是比较抽象的,可是公民权是很具体的东西,因为公民权要界定一个人在政治社会文化体系里应该享受什么样的权益。公民权既是一个政治分析的方法,也是一种政治分析的视角。观察社会的视角是多样的,公民权是观察社会的一个重要视角。一个国家的公民在政治、社会、经济、文化方面享受什么样的待遇?国家如何确保他们的权益?而这四个方面又是什么样的关系?能否通过公民权的落实体现出来?

近年来社会科学领域发展最快速的当属公民权的研究。在国际上有一个相关的期刊,以前每年出 3 期,现在是每年出 8 期;美国英国有关公民权的出版物这几年也激增。现在有一个新自由主义的概念,在这样的背景下,各个国家在处理社会秩序时,自由主义盛行,这种情况下可能人们更关注公民权怎么去维护与落实。公民权研究的火热,跟这样的社会背景是有关系的。

接下来我重点要思考的是,非西方国家研究公民权的时候应该关注哪些问题。在西方的政治文化中,市民社会作为一种维护人们利益的工具构造了国家,国家反过来也是为了确保市民利益而存在的。西方从中世纪发展到近代,其主体是自由工商业者,自由工商业追求的是自由,他们为了获得更大的自由,便把自由变成整个社会的价值观,而且他们也成功了,那么市民的自由权利成为西方政治文化中的一个重要特点。我们注意到前一段时间美国政府被关闭的事件。事实上,美国共和党不合作,没有通过明年(2014 年)的政府预算,导致整个议会没有通过政府预算,所以政府完成不了使命,政府暂时得停止运营。为什么会发生这样的事?因为很多市民认为政府做很多的事就得加收税,所以政府不要干太多的事给市民增加负担,有太多负担,市民的自由就会被压缩。所以他们认为最好的政府就是少收税,少干预市民。在这样的逻辑下美国才会发生政府关闭的事情,可是这样的事情在东方看来是不可想象的。

像中国、韩国这样的国家的市民从来没有像美国市民那样自由过,制约公民自由的不仅仅是政府,社会发展过程中所形成的共同文化也是制约个人自由的一个很强大的力量。东亚社会讲究群体,个人是附属于集体的,集体不是由个人自由意志掌控的,我们出生以后已经内化到这个集体,集体对个人有强大的约束力。在西方,很多国家比如意大利和德国等都是近代以后才演变为一个现在所谓的民主国家,但是中国开始形成国家到现在有很悠久的历史,包括韩国。东亚国家的历史比较长,国家肯定有冲突和战争,所以在东亚国家形成一种思维惯性,那就是为了保护疆域的国民,国家应该更加强大。

现在世界范围内主流的政治观念是自由主义、个人主义和西方意义上有关公民权的讨论,可是从历史脉络角度看,我们跟西方是没有可比性的。有关公民权最重要的是在法治面前人人平等,每个国家都有这样的原则,可是真正做到法律面前人人平等是很不容易的。对东亚来说,与其针对个人的人人平等,还不如针对整个群体。东亚的一些国家引进了所谓的西方的民主主义制度,想建设民主政治,可是由于东亚和西方历史脉络的不同,很难在市民社会坚实扎根,在政治民主社会建设当中也出现很多问题。

前面已经讲了,公民权是反映政治、经济、社会、文化之间关系的重要方面,那么怎么将这些因素和谐的地方落实到个人身上?现在世界范围内在这方面做得比较好的是北欧的国家,北欧国家的"福祉国家"的概念相对来说是一个处理成功的案例。北欧是以个人主义和自由主义为基础,逐步走向福祉国家的模式。那么有人评价,在这些国家,民主从程序的民主转变为内容的民主。然而,像北欧国家一样从程序的民主进化到内容的民主,这样发展的国家目前在世界上还是不多,那么我们就以韩国为例来说明这些困境。

联合国有经济社会委员会,针对各个国家每年进行公民权维护程度的调查。其中,2001 年韩国得到很多评价。2001 年正处于 1997 年金融危机阶段。联合国当时对韩国的评价是:虽然韩国在经济方面取得了很大的成就,但是这些成就没能与提高个人的社会政治文化权利相联系,没有促进个人福祉,为了发展经济,加强国家竞争力,牺牲了个人的权利。所以联合国对此提出了尖锐的批评。我们的国家总是强调经济增长,认为经济增长是最重要的,相对忽视了怎么去维护市民的政治、经济社会权利,虽然整个国家在经济上取得了成就,但是市民在住房、医疗、养老等方面面临着很大的困难和压力。在国家克服经济危机过程中,以牺牲劳动者工人阶层利益为代价来试图实现经济恢复。针对联合国的批评,韩国政府也有话要说,因为 20 世纪 60 年代韩国的人均国民收入才 100 美元,过了 40 年我们达到了 20000 美元,韩国政府应该说已经做得很好了。在韩国社会,政府认为虽然韩国实行的是市场经济,但是却是政府主导型的市场经济,政府在经济发展中起到很重要的作用。所以说是在政府的带领下取得了经济的成功,政府的功劳是很大的,政府就是以这种方式自我合理化的,而国民也认同这样的说法。韩国有总统大选,总有一些竞选的口号,韩国每次总统大选中候选人提出的最大的口号就是我当上总统后首先要大力发展经济,百姓也特别认可这样的主张。韩国开发政治的带头人物是韩国已故总统朴正熙,朴正熙专门普及了一首歌《我们也要过上好日子》,就像中国的少先队队歌一样。国家在城市和农村推广这首歌,大概意思就是我们也要过上好日子,为了过上好日子让我们辛勤地劳动吧。普及这首歌和强力推动韩国经济发展的朴正熙,他的女儿是韩国现任总统朴槿惠,在韩国总统选举中投票朴槿惠的人全是听这首歌长大的人。

上世纪90年代,韩国也发生过经济危机,经济低迷,国民非常迷恋朴正熙时期经济飞速发展的时代,对朴正熙的留恋,促使他的女儿成为总统。与朴槿惠相比,更受朴正熙影响的是韩国前任总统李明博。李明博能当选总统很重要的一个原因是他提出“七四七”计划,就是说当总统期间每年的经济增长达到7%,人均国民生产总值达到四万美元,将韩国变成世界七大强国之一,这就是“七四七”,可是这个人是一个很失败的总统。李明博通过提出“七四七”当选总统,但朴槿惠没有提出这样的口号,她主要提出了经济分配的正义和福祉国家的建设,通过这个口号当选总统。因为李明博失败了,朴槿惠如果还提出和他一样的口号国民是不会相信的。

“开发市民权”就是围绕经济发展,国家和政府之间达成共识,国家主导发展经济,市民也对此表示认同,国家与市民在认识上的相互关系可以用“开发市民权”的概念来说明。可是“开发公民权”这样的概念在西方是非常陌生的,因为他们的经济发展不是国家主导的,而是工商业者主导的,所以与他们说“开发市民权”他们不明白是什么意思,但是这恰恰是东亚国家发展当中一个非常有用的概念。“开发公民权”不是通过国家和市民的平等互动实现的,而是国家通过由上至下推行其逻辑的模式形成“开发公民权”的概念。在东亚,国家要主导经济发展,要求公民积极参与国家号召,通过这样的关系推动整个社会的经济发展,所以不管是在威权主义的体系下,还是过渡到民主主义的体系下,都是以这种方式处理国家与公民之间的关系。朴正熙处于韩国威权主义的政治时代,他的统治时代也采取"开发市民权",国家主导经济发展,让市民积极响应政府号召。韩国1987年实现所谓的民主化,总统由国民直接选举,从威权主义转向民主化以后,通过市民选举产生的政府也认为经济发展是最重要的使命,所以它同样适用"开发市民权"的方式动员国民。所以韩国处于非常大的困境当中,总是强调经济发展,经济发展面临危机时还得提出恢复经济,所以它顾不了除了经济以外的公民福祉和幸福的问题。什么时候市民的权利都得不到关注,因为经济发展好的时候说明政府做得好,危机的时候政府应该做到快速恢复经济,有关市民权利的讨论形成不了,市民的权利得不到保护和提升,这是韩国面临的困境。

在这样的环境下,市民也是同样心理,认为有经济危机的时候市民受到一些损失也是没有办法的,认为经济发展肯定是有牺牲的,需要一些特殊的政策和做法,必然会损害一部分人的利益。所以市民本身很缺乏争取自身权益的意识,这样的逻辑在当今的韩国社会中依然存在,在"开发市民权"体制下公民权没有得到重视。另外,市场经济必然有市场和劳动工人,在"开发市民权"的理念下,政府为了发展经济当然会倾向于资本,因为经济发展需要靠企业的成长。在这样的逻辑下,政府处理劳资问题总是偏向于资本,让企业不断膨胀,而没有关注劳动者的收入和福祉提高的问题,这是"开发市民权"很大的弊端。像三星这样的大企业在韩国叫财阀,人们经常看到这些大企业的老板成为被告站在法庭上,甚至进监狱。为什么会发生这样的事呢?一个是权钱交易,企业贿赂政府官员;第二个是企业为了大力发展做一些违法的事情,像中国土地强迁一样,采取违法的方式进行扩张。所以在韩国企业家经常站在法庭上。但是这些企业家进监狱可能过几天就出来了,他有豁免权,因为他对经济发展贡献太大了,让他们继续待在监狱里会使国家蒙受损失,政府以这样的理由总是豁免他们。所以如果三星的董事进监狱,政府就给他豁免权,可是如果专业管理人员比如经理成为替罪羊被抓进去的话,政府不会照顾他们的,要待几年才行。

韩国社会还有一个有意思的现象,政府看待企业家好比看待自己的儿子一样。一方面,政府官员很小看企业家,因为他们认为企业在他们的庇护下才能成长,没有政府就没有企业的今天;另一方面,既然是儿子,那就是一个家族,政府还要保护他们。按照这样的逻辑,劳动者就是政府的儿子的剥削对象,所以劳资双方发生矛盾时政府总是偏向资本。威权时代是这样,实现民主化以后,政府就不能一味地偏向于企业,所以韩国社会在一段时间内劳资矛盾非常突出,这样的变化导致企业在处理劳工团体关系时不知所措。考虑到这一点,韩资企业就开始把资本投放到其他国家,但是韩资企业在别的国家也出现种种劳资矛盾,因为他们处理这些问题的原有逻辑并没有改变。国家主导,市民参与的“开发市民权”理念虽然对经济发展有贡献,但并没有保障劳动者的幸福自由和福祉。

其实比这些工人更可怜的是不能参与劳动的人,比如老年人、儿童、残疾人。因为国家只强调经济发展,所以不能参与到经济发展的人肯定会受到冷落。韩国社会实现民主化以后,对“开发市民权”弊端的讨论果然增多,很多人开始思考这是否是值得提倡的东西,很多弱势群体运动开始出现,如劳工运动、女性运动、消费者运动等。韩国社会开始面临新的问题,那就是怎么去包容这些之前被忽视的群体。按照西方的情况,解决这些问题的理念主要是社会民主主义福祉国家的模式,韩国也是这样。韩国于上世纪80年代末进行了调查,当时很多市民认为韩国应该走向社会民主主义的发展模式。可是当时韩国主要的政党没有一个想建立社会民主主义福祉国家,他们的政治纲领中根本没有这样的概念。韩国实现总统化以后当权的几位总统,他们可以说是政治专家,知道政治怎么玩,但涉及怎么去提升公民的民主权利和自由,他们几乎没有自己的哲学,金大中总统稍微例外。

一般市民习惯性认为,虽然实现民主化,国家还是应该以发展经济为主,对国家政府保障市民权益方面没有什么期待。比如韩国实现总统直选后的第二届总统,他为实现韩国政治民主化作出很大的贡献,他成为总统后认为他能带来的经济发展成就可以超越朴正熙,所以他在执政的五年期间采取了特别极端的扩张主义政策。当时韩国没有那么充裕的资本,可是他实现了金融的自由化,所以企业和银行在国外大量举债,借债过度,导致1997年韩国在亚洲金融危机中遭受很大的冲击。金融危机后出现劳动弹性化概念,不主张正规就业,而是具有弹性的非正规就业。韩国政府认为这是世界的潮流,我们国家也应该效仿,所以以这为借口有意去镇压劳动群体,导致劳动群体开展争取自身权益的运动。在韩国以后的发展当中,在新自由主义劳动弹性化的口号下,很多劳工的权益被破坏,市民中反而开始出现留恋朴正熙“开发市民权”时代的倾向。当劳动者就业得不到保障,两极分化越来越严重的时候,这种留恋也就越明显。利用市民的这种心态成为总统的人就是发明“七四七”的李明博,李明博的理念就是在韩国重新恢复“开发市民权”。本来国民期待李明博能发展经济,结果他失败了,所以韩国现在处于失败的状态,不知道该怎么办。不能以“开发市民权”为导向了,所以现在韩国保守党玩的把戏就是不断激化南北矛盾,将朝鲜视为重要敌人,不断制造冲突舆论,将市民的视线转移到外部。

朴槿惠当选总统时虽然提出了维护经济正义,建设提高社会福祉,其实很多韩国市民并不期待朴槿惠能做到。他们对所谓社会民主主义福祉的概念也不明确,他们选择了朴槿惠,与其说是对社会福祉的期盼,还不如说是对朴正熙的留恋。从外表看起来韩国取得了不小的成就,可是政治、经济、社会、文化之间有很多不和谐的因素,实际上韩国是一个很混乱的社会。韩国的国家和市民以“开发市民权”为共识的方式实现了经济发展,但是“开发市民权”不能包括所有领域,也不是可持续的东西。当今韩国企业能为其国民创造岗位吗?很多韩国企业是到国外投资,给国外创造岗位,政府觉得发展经济要扶持这些企业,市民不知道这一切是否是为了自己的国民,市民觉得很茫然。以前国家和市民能产生共识,那就是为了经济发展国家和市民要合作,可是现在这样的基础瓦解了,国家和市民很难达成共识,现在韩国面临的很大困境就是如何让国家和市民重新合作。

现在韩国很关注的热点是怎么去理解公民权,怎么去保障公民权,怎么去提升公民权。其实在东亚,像日本、中国台湾地区,跟韩国的情况也是类似的。20 世纪 80 年代以后,中国大陆和越南也走上了以前东亚模式之路,中国现在也正处于“开发市民权”这样的时代。这些国家已经实行市场经济,开始引进很多外资,要把这样的发展方式合理化就需要保障人民参与经济活动的权利,这样就必须达到一定的经济增长率,所以国家的目标都锁定在怎么提高经济增长率上。

所以中国应该吸取韩国的教训,“开发市民权”的模式虽然可能在经济上取得成功,但是它有很多弊端,这样的模式不会令一个国家长久和谐地发展。这里的关键是经济发展的成果要不断惠及政治社会文化领域,而不应该认为经济发展能解决一切问题。怎样将经济发展成果惠及其他领域,应该引起中国的足够重视,不然就会重蹈韩国的覆辙。我这次到中国做学术交流,总有一个想法,那就是东亚国家的发展脉络是相似的,所面临的问题也类似,东亚国家怎么在学术上合作,作为一个有自身文明的非西方地区,怎么去克服我们面临的共同问题,构造出我们的文明和发展理念,这是我的一个愿望。

评议与讨论

潘蛟:发展主义,张教授称其为"开发市民权",我个人对此有保留,比如"发展主义的公民权"可能更好一点。对张教授的讲座我很有共鸣,"发展主义的公民权"就是说发展优先,发展可以让我们放弃一些权利,让我比较震撼的是韩国人民接受这一套。因为就权利来讲,韩国公民的政治参与权不是太大问题,可以选举;但是社会方面的公民权是被忽视了的,比如各种各样的社会福利,对一个社会弱势群体的照顾,理由是因为我们要发展。我们不发展我们怎么做这些(社会福利)?但是最后的结果是发展到海外去了,用发展赚的钱建设福利社会变成了一种神话。在中国这也有同样的问题,前几年我们通过《劳动合同法》,文字上看起来保护了劳工各种权益,但是实践上地方政府没有做到,理由是这样做太早了,会加剧用工发展的社会成本。

公民权的含义之一是所有公民都一样。在中国,公民权的问题是可能由于你的户籍不一样,你的居住地不一样,你能够享受到的社会权利也不一样。比如你不是北京户口你就不能在北京买房子,不能享受北京的低保和教育福利,我不知道这样的问题在韩国有没有。还有一个问题,朴老师带我去过韩国的劳工市场,其中有很多朝鲜族的工人,他们早上去,晚上就可以拿到工资,而且如果遇到工伤,基本上都没有问题能够赔偿。但是在中国,有很多农民工,做了工能不能拿到工资还是个问题。中国现在发展速度很快,不追究企业的社会责任,而是以发展优先,那么韩国是不是也经历过这样的阶段?

朴光星:潘老师说得对,应该叫"发展主义公民权",韩国语叫"开发市民权",我就机械地翻译过来了,其实按中国语境应该是"发展主义公民权",谢谢潘蛟老师。

张庆燮:朴正熙时代提出一个逻辑,先发展经济后分配,这是韩国官方的主导理念。1996 年韩国的人均国民生产总值已经达到 20000 美元,可是北欧的福祉国家人均国民生产总值不到20000美元，比韩国还低的时候，已经打下了福利国家的基础。韩国认为以“阶段论”的观点经济发展到某一天才会实现福利国家，可是北欧的福祉国家不是哪一天突然实现的，它有个很长的渐进的过程。

与西欧的小国家相比，韩国算是大国家了，人口5000万，而且韩国的财政规模也大，所得税率低，可是现在韩国建设福利国家所面临的不是增税的问题，而是怎么分配，是财政分配方向的问题。比如是给企业研发技术投入经费呢，还是给市民提供养老保险经费呢。按照韩国目前的财政规模，调整财政分配方向的话，是可以保障国民的基本生活权益的。

世界的企业巨头几乎都集中在美国，可是美国稍微加点税就面临政府被关闭的威胁，所以它不增税，这不光是钱的问题，还与社会文化理念有关系。奥巴马不增税，他找一些像苹果这样的大公司商量，说你们能不能不要把生产都投放到国外，多放到国内，然后乔布斯没答应，这是社会的惯性。其实韩国社会也是这样，很多时候把财政资源分配到增长领域，而不是分配到社会领域。

户籍这样强烈的制度在韩国是没有的，在韩国引起地区之间差距的不是制度问题，而是市场问题，市场资本投向哪里，哪里就发展起来了，被资本遗忘的地方就是落后的地方。所以韩国肯定也有地区差异，因为人口和资本集中在少数几个城市，不是制度主导的，而是市场主导的。

关于劳动的保护问题，韩国企业破产的时候，就存在谁保护谁的问题。企业破产了可能就会存在劳动者工资发不出来的问题，因为首先要保证对银行的还债，这时候工人会成为替罪羊。可是一般情况下不存在劳动者拿不到工资、工伤报不了的问题，为什么这样？韩国于上世纪50年代就最起码在文字上树立了非常先进的制度体系，因为韩国向美国学习，美国帮韩国设计了这样的制度，所以韩国在劳动者权益保护上的法律非常强大。90年代以后，新自由主义盛行后有一个观点，那就是对劳动者保护太强大反而束缚了资方的灵活性和弹性。比如终身雇用，企业没有订单你怎么终身雇用？尤其是经济危机出现后，这样的讨论越来越多。

韩国宪法明确规定，国家要确保国民的基本生活权利。90年代初韩国实现总统化以后，一个市民团体起诉了国家，说宪法明明规定要保护国民的基本生活权,可是你们保障了吗?结果在裁判当中,国家输了。无奈之下,国家制定了《国民基础生活保障法》,要保障每个人的生活权利,比如老年人没有工资不能让他饿死,冬天起码要可以取暖。但是国家哪有那么多钱?结果是能享受这样政策的人数非常有限,这是在韩国的主要问题。就像中国所说的"夹心阶层",韩国对夹心阶层的理解是,他们生活很困难,但国家扶持的条件比较苛刻,他们享受不到国家福祉,所以不但他们经济条件比较差,而且还达不到政府福利条件要求,这样的群体叫作夹心阶层。

学生:张老师您好,在讲座中您提到了亚洲现代化的问题,快速的工业化和城市化使得大企业有很多机会可以创造就业,从而获得一种合法性。但是现在进入后工业社会,服务业的强盛使得大企业不再成为提供就业的主要力量。中国东南沿海地区也遇到同样的问题,国家也在强调转型,但是转型是否能提高就业率?在东亚,没有一个国家像西方公民权一样保证你退出市场也能存活下去,东亚社会是在促使你能进入市场。所以在东亚社会公民权是不是应该强调能够保障就业机会,而不是强调退出市场的可能性。

张庆燮:现在韩国的问题是,整个社会时代发生了变化,再以"发展市民权"的角度和逻辑来解决问题是行不通的,所以韩国目前所处的混乱状态和迷茫感就是这样的原因。像中国计划经济时代,能确保很多人参加经济活动的权利。改革开放以后也是,为什么很多国有企业赔钱,国家还是不能大胆地清理他们?关键是国家没把他们看成创造财富的地方,而是看作一种社会福利机关。中国现在主要强调经济增长率,中国政府做得比较好的一点是它想方设法保障就业率,中国没成为苏联,没成为东欧的主要原因是中国在就业和民生方面还是下了很大功夫。中国以后怎么去可持续地维持这样的局面,我认为中国不应该丢掉这样的思路。

学生:我知道在韩国,很多学者都参与到了"发展主义公民权"的讨论中,比如说金大中时期的教授。第一个问题是您如何评价这些学者参与到其中的作用?第二问题是,刚才谈到李明博时期的"七四七",还有金大中时期的一些策略,我们看到的状况是这些策略最终以失败告终,这其中最大的症结在哪里?

张庆燮:首先关于这些学者作用的问题,我的个人观点是,韩国的教育体系中实现现代化的紧迫感特别强,怎么实现教育的现代化呢?那就是一切向美国学习,向美国学习是最重要的,怎么解决韩国的问题是次要的。韩国的知识分子可以分为两类,一类是参与政策制定,首尔大学70%的教授都是属于美国模式,可是他们对研究韩国没有开发出符合韩国的一些重要理论,为韩国政策的制定提供强有力的支撑。与其是这样,还不如以前以官吏为主导的政策制定模式,政府机构找专家的时候,就找能同意他们观点的人,找这些人反而麻烦,所以不找这些人。现在这拨人变成黑名单,可能新的总统产生以后,这拨人重新被召唤,另一拨人变成黑名单了,所以说官僚挑选能为他们政党的合理性提供支持的人。我批评过所有的政府,所以没人来找我。

第二类的知识分子是批判型的知识分子。这些人有什么问题呢,批判一个社会问题不需要那么高深的理论,因为都能看出来,比如贫困。所以批判型的学者在批判社会问题时与其说需要高深的社会知识,还不如说需要勇气,带着勇气参与批判的学者在韩国受到了尊敬。

如果要再分,还有一个类型是权力的摆饰品。韩国也是一个重视教育重视知识分子的国家,既得利益者干事前就会动员学者参与他们的活动,给他们捧场,这些人因为配合权力的需要,就是媒体比较关注的明星教师。

作为一个社会科学研究者,我认为韩国毕竟有自己的发展模式,从世界上一个贫穷国家一跃而为发达国家,韩国经验具有普遍性意义,很多经验是值得总结的,对于许多第三世界国家来说很重要。韩国的社会科学还需要继续挖掘,我们也是站在一个新的起点上。对韩国的知识界来说,应该多思考韩国社会应该走向哪儿,目标指向是什么。知识应该成为社会发展的灯塔,可是说实话,现在的韩国是西方学术的殖民地,这样的水土下这个梦想什么时候实现还是遥遥无期的。就像那些具有启示意义的电影一样,知识应该是能够给人带来很多启发和想象,我们应该生产出这样的知识才对。

说到李明博政府的失败,只能说明一个问题,像韩国这样的国家,国家想出来干点事,只会增加风险。像三星、现代已经是世界性的企业了,政府想主导做事已经太晚了,政府过多干预只会增加经济风险。所以李明博失败的症结就在于他还在追求一个强政府的模式,这是不符合韩国的经济现状的。就好比学术发展到一定程度以后,政府再想主导发展学术的话,只会更加扰乱知识。

产权、环境与发展

- ▶产权的人类学思考
- ▶草原环境与牧区社会
- ▶中国在非洲的“新遭遇”
- ▶家政工人的劳动与组织化

产权的人类学思考

主讲人:张小军(清华大学社会科学学院社会学系教授)

主持人:潘蛟(中央民族大学民族学与社会学学院教授)

经济人类学,是我比较感兴趣的一个领域,但是我并没有进行过深入的研究。我个人的兴趣比较杂,过去毕业论文做宗族,后来搞历史人类学,但是都没有做好。尽管过去在北图专门开讲座讲过关于市场的话题,但是关于产权的相关问题,我还没有讲过。大家都是做人类学的,心里面总有一个情结:人类学能不能进入当代社会的研究,尤其是当代人类学的研究能不能进入主流的当代社会的研究?大家所关心的,如改革开放,社会学做的很多,但是人类学相对来说触及的比较少。很多学科都参与到像改革开放这样一个大的运动里面,但人类学家的研究却相对来说比较冷门,比如研究身体、亲属制度等。亲属制度当然再做也可以,但还是算比较偏门。人类学家在一些领域是比较失语的,尤其在经济人类学领域,我们对发展中国家的研究并不多。

产权在我这几年的研究里面有涉及,我自己提出来一些概念,比如象征产权,另外复合产权,我也做过一些研究。这些概念背后都有一定的理论背景,比如象征产权与布迪厄(Pierre Bourdieu)的象征资本理论有关联,而复合产权就要更复杂一些。这与波兰尼(Karl Polanyi)的嵌入性理论有关。波兰尼并不是人类学家,但是他被认为是我们经济人类学的一个开山鼻祖。

对产权的研究,与我们的社会问题相关。产权能成为问题主要跟改革开放有关系。改革开放的核心问题就是转制。我把转制基本概括为六个字,一个是“市场化”,一个是“私有化”。也就是说,改革核心就是经济改革,经济改革的核心是市场化和私有化。我们整个转制最核心的内容之一,或者找一个关键词概括的话,大概就是产权。

首先是企改。下岗买断工龄,这是很大的问题,甚至可以说是直接的产权剥夺。当时朱镕基在清华经济学院讲话时非常明确地讲过买断工龄这个做法是错误的。为什么是错误的？因为在国家的文件里面它只针对破产企业，但是我们所有的转制都是买断工龄。当时几千万的下岗工人被从国企中赶出去，都没有产权。但俄罗斯搞的这个（国企下岗），人人都可以拿到股份的，而我们不是。

医改就不用说了。国家发展研究中心报告的结论说，（它）是失败的。我在人大教书的时候，我的一个学生在社会部当部长，（这是）他们带头做的报告。医改虽然在大幅度的调整，但是大家仔细想想，到今天还是有很多的问题，其中主要还是产权的问题。

房改方面，因为房价压不下来，（政府）就开始收房价税，这里面（也）涉及产权的问题。电视里面天天围绕房子打架，有很多不和谐的因素。首先是70年产权这个问题，国家发过文件要把70年产权落定。在中国，大家所有的房子都是70年产权，那70年以后怎么办？我们把所有的房子都归国家这是不可能的。那怎么解决这些问题呢？国内开始出现各种各样的房子，比如经济适用房等。

土改也是大问题。现在土地的问题，北京就是试点单位之一。这里面涉及土地产权的问题和使用权的问题，就是怎么转、怎么改的问题。除此之外，还有城市改造、社会福利等等一系列社会问题。最近我们清华有位老师提到关于养老改革的问题，于是网上一片骂声。现在国家养老金支付起来已经比较困难了，变成一个很大的缺口，等到大家都退休的时候，可能五年或十年之后更严重，那么这个巨大的缺口谁来补？另外教改方面，我就更不用说。因为我们都身在其中，教育公平的问题其实后面就是教育权利的问题。再就是税改、政改、村改等。关于城镇化方面，大家知道，如果靠现在盲目地城镇化，不仅不能解决“三农”问题，而且会促使中国各种问题的出现。我有一个福建的朋友告诉我，福建52%的粮食靠外面来，而省内只提供48%的粮食。历史上的漕运，包括整个大运河，都是南方运粮食到北方，而这也是福建地方发展起来的重要缘由，漕运也在此基础上建立。但现在不是这样了。我们人类学管粮食问题吗？其实（粮食）问题是很深层次的问题。但是到了人类学这里，大部分时候处于一种失语的状态。我们不去研究这些问题，也不去涉及这些问题。

回过头来看的话,我们希望进入对产权的思考。改革开放的转制,其涉及一些基础理论的东西。诺贝尔奖得主斯蒂格勒茨在《社会主义向何处去?》一书中,首先讲前社会主义,"前社会主义经济在促进财富所有权的平等方面处在一个有利的位置,而这一点是其他市场经济没有达到,甚至是不可能达到的。它们可以以一种其他国家不可企及的方式(因为这些国家的财富已经高度集中)去实现人们常常提到的'人民资本主义'的目标"。(斯蒂格勒茨,1998)

上面这段话可以引起我们作人类学的很多思考。在前社会主义财富没有集中在少数人的手里,所以他们可以做很多在资本主义国家根本做不到的事。但是这后面又给我们讲另外一件事,前社会主义怎么了?这中间至少是一个关于产权的问题。为什么?因为大家都很清楚,资本主义标志性的标签就是私有化。在那之前所有的社会如在初民社会,你可以看到大部分的一个情况,被称作"共有产权",但这是在一般意义上理解的共有产权。社会主义的特点也是这个,像集体占有和国家占有等,它的产权形态我们习惯称之为"公有"。"公有"实际上是一个错误的概念,"私有"也是一个错误的概念。斯蒂格勒茨接着再讲,在信息充分的条件下,计划性的配置能够达到最优的结果。而市场经济的问题之一是信息不对称和相应的市场不完备,他甚至下结论说:"社会主义,或者至少是那种政府发挥更积极作用的经济体制,应该能比市场经济更好地运作"。(斯蒂格勒茨,1998:229)

后来他又提到上世纪90年代中国的局面,他说:"中国的经验表明,不通过私有化,甚至不通过明晰产权也能进行成功的市场改革。他们特别重视竞争……把建立广泛的激励机制和市场改革置于私有化之前。"

我写过一篇文章就是讲这方面,我把它叫作模糊产权。在中国社会里面好多种的产权,是非常模糊的;而在历史上,产权的概念也是非常模糊的。我专门讨论过这种模糊性,为什么会出现这种模糊性,那么这个也能进行成功的市场改革。先不说市场改革成不成,这个我不敢说,这是另外一种评价。当然私有化、自由市场、引入竞争等,后面有一个很重要的就是激励机制。这些都是纯经济学里面讲效率的一个东西。为什么国有企业不行?因为激励机制不行。私有制以后,每个人都去打拼,都去赚自己的钱,这个很好,这个不是"大锅饭"。过去中国的体制不建立私有,其实当时中国是有私有的。基本上我们开始大规模的私有化,特别是国企的私有化是在1997年之后。开始大规模的私有化是朱镕基上台以后推动进行的。结果怎么样?这个是我们特别需要思考的问题。私有化给中国社会带来了什么?我们现在看经济总量、看经济的差异,大家会觉得中国牛。现在经济总量那么高,世界第二。但是国外的学者比较奇怪,他们说你们中国为什么这么牛?你不是集权政治吗?你们也没有好好地私有化,现在也没有好好地私有化,有的跑到少数人那里私有化,那为什么你们总量那么高?我曾经和一个美国的老师聊天,我就讲这有什么奇怪的,你只要看看中国的历史你就会明白。我们当年在历史上,在唐代和明代的时候,加州学派和彭慕兰《大分流》,像他们这些学者有一个共同的特点,他们也跟黄宗智争论,说什么了?就是在明代朱瞻基时候的经济,当时我们的经济总量也是世界第一。那个年代,你想想是什么政治,你叫集权也行,叫独权也行,反正现在我们是民主集中制,那时没有民主集中制,但是经济发展一样很好。你跟黄宗智讲农村,也叫内卷化。这里我不具体讲,若排除学者之间的感情因素的话,因为这个争论实际上在后面是有很多误区。就是你在谈什么,在中国那个时候,很多同学可能都读过弗兰克的《白银资本》,那个年代是一个商业发展时期。在中国当时是特别强的一个年代。但是这不意味着农村就好,而且黄宗智也没有去谈明代的农村。那我们现在呢?你有一个经济总量的快速上升,但是你不是同时也有"三农"问题吗?当你完整地去看这个社会的时候,你就会明白很多问题。现在有许多学术界的争论,是有一些偏颇和问题的。在我们这里,就是斯蒂格勒茨的一些看法,对我来说给我们提出了一些很重要的东西。其实他潜在的就是对资本主义制度是持否定态度的,西方很多学者实际上都是采取这种态度。批评的人越来越多,也是对西方资本主义的批评。这种批评甚至到了极致,尤其是前两年,像美国次贷危机和"华尔街运动",实际上提出来的是对金融制度的批评。当然,什么是金融?金融就是玩钱,有钱我们就放那玩,然后就定规矩怎么玩。大家都知道股市,只要定规则,定完后大家就玩。可是大家都知道股市,目前世界的规则很简单,这个规则一定是劫贫济富。因为它是不公平的,起点是不公平的。你们都知道股市上有一种大户叫散户,散户肯定要吃亏。为什么?我们有人权的概念,人权概念里面讲公平,即每个人都是公平的。过去我们发粮票,你成人都是这个标准,不能因为你块头大、吃得多,你就说你要多的,因为这也是公平概念。其实很多公平概念它是有矛盾的。你去用哪一种公平?我们现在用的公平法则就是每一个人的公平。不能说因为我块头大、吃得多就多给我,因为我吃的和大家一样多的话我就会饿。饿你就对我不公平吗?他讲的这个也有道理。可是股市上它讲,只要我投资的钱多,那我得到的权力和机会就多。这个公平原则首先就用错了。那接着很多问题,它制定的许多规则都有很多问题,最后就是散户把钱给大户。除非有一种情况就是人家赚了百分之三十,而你赚了百分之五——如果整体上经济好,大家都赚钱,企业分红多的话。但是很多人都没有想过像这样的游戏规则他为什么可以玩。大家知道社会的贫富差距就是这样来的。在我看来,就是制定了许多错误的规则。但是所有人都接受,没有人去挑战这个。然后就这样玩,这样就玩出了两极分化。分化出现了怎么办?那就是继续玩,比如玩福利和玩救助等,有钱人拿出些钱给穷人,就像当年政府让工人下了岗,然后就搞一个就业中心,然后又让他们上岗。所以这里面有许多很深层次的问题,但这些深层次的问题要有一个理解。

对于以上情况,所以我就在讲,就是斯蒂格勒茨对中国的赞赏之后不久,中国就开始了大规模的企业私有化改制过程,明晰的私有产权也在进行制度化推进。包括我们现在的《婚姻法》,就是规定的婚前婚后的财产,这个大家都清楚。比如现在我们家里面都是AA制,如这个桌子是谁的,这个椅子是谁的,那个又是自己的,总之像这些都得分清楚。在早期的社会里是没有这些规定。大家都是一家人,而且是伦理的,这些东西就是我们一家人的。然后资本主义说你们这样不行,产权模糊不明晰,你们没有彻底私有化,所以你现在必须彻底私有化,用法律把这个规定下来。规定结果就是,过去我们不明晰的东西明晰了。如离婚,男方肯定会说女方你把财产拿走,我男子汉在这个社会里还能赚钱、能工作、能混。现在产权明晰后,不明晰的就打架。你看电视剧里面演的,一家一家因为房产和各种各样的问题打架。这是给我们产权改制带来的一个结果。但这个后面还有一个更深层次的问题,就是到底法律是什么?怎么理解法律?从人类学里面看的话,法律就是条文,用法律就是文化。现在用法律做社会秩序的时候,中国的文化里面是怎么理解法律这件事,这又是另外一个问题。在斯蒂格勒茨看来,"某些自由市场主义者认为,迈向成功的第一步是国有企业的私有化。我不知道他们是否正确,但我可以肯定他们的结论没有科学依据"。(1998:297)我不知道你们是不是觉得有科学根据。这个根据在什么地方,反正人家诺贝尔奖获得者说了是没有科学根据的。但我们这里很多经济学家可能会说是有科学根据的。如吴敬琏就是其中代表之一。他说私有化还不够,还不彻底。我从来不迟疑这些学者的道德问题,你有经济利益,你当着这个股东或者什么,在这个前提下。但是从纯学术而论,其实全世界没有那个人敢说彻底的私有化就是我们人类要走的路,也没有哪个学者敢说自由市场也是我们人类真正要走的路。这个问题提出就需要我们思考,这里我需要插一句,大家别以为我是左派,我压根就不是什么派,如果要说是什么派的话,我们大家都是人类学派。

接下来就是如何思考产权。所以今天我试着理一理思路,因为时间有限,不能把这个讲得很细致,所以就把这个思路讲出来。如果要说产权的话就得从萨林斯的《石器时代经济学》讲起,这里特别感谢梁永佳教授,他的翻译让我省了很多事,因为我的外语不是特别好。当我抱着《石器时代经济学》的英文版看时就走神,因为看的不是太懂。梁永佳教授翻译这本书以后,我看起来就方便多了。我们先看一看萨林斯在《石器时代经济学》里面提出了一些观点,他提出了一些重要的基本的一些点,他说人类学家总是固执地想在没有经济的社会中分析出“经济”来。在传统时代的斐济或者火地岛,并没有分化且自我规范的经济领域:不存在资本主义—市场体系(理想型)模式下纯粹的利益交换关系领域。但因为经济人类学在定义上就或多或少地假定利益交换关系的存在,所以它从一开始就犯了民族志分类上的错误。这里面他讲了一个很重要的点,这个对我们人类学其实是非常重要。现在就是我们需要问,我们在研究上总是提倡“元思考”,“元思考”就是最基本的思考。现在萨林斯他在追问,其实他在说什么是经济,我们会觉得经济有什么需要说的吗?最近我因为要写一本讲经济人类学这方面的书,我就查“经济”这个词的意思,我就在《韦氏词典》里面查英文“经济”这个词到底是什么意思,结果也让我很吃惊:它完全没有我们现在的意思,比如说理性人和理性选择等,就没有我们讲的统统经济人的这一套。其实我们“经济”的概念,它很重要的一个意义就是我们中文里讲你干什么事就是要“经济”地去做。什么意思?就是节俭,就是一个节约和节俭。从这个意义上去谈经济,那这后面我们都沿用到今天,经济是什么?所以萨林斯给了一个很重要的理解。他的这个理解实际说的什么?就是初民社会,早期时代没有经济。这有两层含义,第一,没有经济,你在术语里找不到。这跟我们大家做社会一样,大家都知道"社会"这个概念,就是一百多年前,而且还是从日本引进的。原来在中文里面"社会"这个概念跟今天的意思完全不同。我们的"社会"有"社"有"会",也有"社会"这个词,但是以前这个意思和我们现在的"社会"完全不同。所以严复在翻译斯宾塞的"Sociology"这个词做研究的时候,他用的是"群学",因为他找不到"社会"这个概念。我们这么长时间都没有"社会"这个概念,当然社会照样存在。"经济"这个概念从哪儿来的?这是个问题,因为在初民社会都没有经济这个概念,而我们现在了解经济马上就进入现代经济学思维框架里,那你用这个思维框架和概念,我们怎么看早期的社会。所以萨林斯是在批评当时的经济人类学家,也包括马林诺夫斯基,都有很明确的批评。他说这些经济人类学家从没有在社会中分析出"经济"来。这实际上是一个很重的批评:它没有经济,我们必须把它从经济中分析出来。那你分析出来的意思是什么?后面就是一定按照经济的一套思维,一套概念,去界定我们的社会,在社会中去作我们的理解。所以在人类学里大家都很熟悉,就像莫斯有关交换的、互惠的,就这里面的。当然也包括马林诺夫斯基的"库拉",从这些就统统开始。在萨林斯看来这就需要检讨了。什么意思?其实这都带着经济的概念,或者我们分析出的经济的概念,或者经济学家的经济概念。你一开始做人类学和理解人类学的时候,你就会出问题。所以他说,"忘掉经济人类学吧。我们需要的是一种真正的人类学的经济学"。这就是萨林斯说的为什么经济人类学不行。这后面的我具体讲,讨论这些问题。今天我们就这里提一下,因为我自己要写这本书,所以我得在这里面说点东西。我用一些"广义经济学"(General Economics)概念,我不想去解释这个概念。因为在萨林斯的里面,萨林斯用的是两个概念,一个他叫"文化经济学",另一个就是"人类学的经济学"。这两个概念在他看来就是一个概念,因为批评经济学时候,他强调我们人类学的经济学。大家想,为什么要有一个人类学的经济学?那就是经济学的经济学不行,那至少对我们人类学家来说经济学的经济不行。人类学你怎么(做)经济学(研究)?当然这是另外一回事。这是一个很大的挑战。其实萨林斯也作了一些努力,当然也确实留下了很多问题。但是我觉得,大家其实面对中国这种所谓经济转型的社会,有大量的经济问题需要理解。我们确实需要做人类学经济学的一些勇气和精神。能做到什么样我不知道,但值得去做。当然这个理论一会我会讲,人类学怎么去做。所以今天讲产权,实际上是尝试做一个小例子。所以就是这样一个想法,这样的话,但是后面也涉及一些很重要的本体论的问题。所以萨林斯讲,“即便在这个新自由主义意识形态全球遍地开花的时代,我们对‘文化经济学’的理解,仍应该像理解文化之于人们的日常生活一样,必须对认为原始社会中弥散着金钱效用和市场理性的论调予以迎头痛击”。

上面这句话意思其实很明确,如果我们带着今天的思维模式对经济的理解、对市场的理解、对产权的理解,这样倒过来去看初民社会和传统社会的话是有很大问题的。我相信大家对这个都很容易理解。那么好了,我们现在反过来想想,现在经济学家的经济理论,我倒过来不行,那我顺过来去看看初民社会的公平概念是什么?产权概念是什么?他们是怎么做市场的,他们看吗?他们不看,完全不看,然后就建立他们自己的一套理论体系。当然这些体系是从斯密开始的,这是古典经济学一些重要的理论基石。不管后面有各种不同的理论,中国学者比较纠结的就是海耶克(F. A. Hayek)的自由经济和凯恩斯主义的这种国家干预经济理论。但是这个给我们人类学家提供了一个特别好的机会,我们可以从头看,因为他们对初民社会根本不了解。如果问他们什么是初民社会,这个肯定得找人类学家,社会学家也不灵。我自己的理解就是这样,我们做经济人类学有得天独厚的条件,去理解很多初民社会,就早期社会的经济形态、经济逻辑、经济伦理、经济制度。当然,我现在用“经济”的时候,萨林斯肯定要骂我,谁告诉你有“经济”。你用“经济”也没关系,用这个词也没关系。但意思你可以从头去看,你会一步一步理过来的时候,你会发现还真是这样。经济学的糟糕就不用说了,这个社会也够糟糕的。

我们的一些基本概念是有许多极大问题的。人类加速走向灭亡,因为灭亡是肯定的,那些我们叫作“唯物主义”,但是加速灭亡这与资本主义有很大的关系。这里面对人类学家而言,它为人类学家提供了一个得天独厚的研究领域。这里面我稍微讲一下,这个跟我讲的序列关系不是特别直接。我刚才说,萨林斯说你的这个经济概念对初民社会分析出一个经济来,换句话说就是用经济概念砸回去,然后去理解这些早期社会和去理解非资本主义,或者前社会主义社会,这个叫什么都行。但是另一方面,我们会想一个问题,就是波兰尼当年曾经提到过的,为什么经济学会成为“霸学”,这是因为经济成为了霸权,不然经济学也不会成为"霸学"。我留给大家就是慢慢思考,就是为什么我们现在所谓的经济现象会成为社会的主导?我们做人类学的都知道,我们会很简单地去想,社会秩序怎么做起来,我们知道初民社会肯定不是靠经济做起来的。在早期社会宗教是特别重要的制度,大家都知道早期社会政治社会形态不太重要,尤其我们意义上的政治,现在可以用同样的话套用。如果你非要在初民社会里分析出政治来是一个问题,不管是在美拉尼西亚的还是波利尼西亚等地区,如果我们讲政治形态不足以理解我们的初民社会的基本秩序,我们可能会讲宗教,可能会讲亲属制度,这些都是重要的基础的东西。但是在这里面,我们越来越看到在当代社会里面经济的转化。这件事情是需要去思考的。为什么?我们人类中了什么邪,就这样去做经济,以至于大家考大学考经济专业。比如考清华也先去考经济专业类的,而报社会学和人类学等专业的分数相对较低。所以这里面,布迪厄就主张放弃"经济"与"非经济"的简单二分法,他的理解就是,你看这段话,他说这一僵化模式无疑是一块绊脚石,使我们无法认识到经济实践科学其实就是"实践经济的广义科学"(general science of the economy of practice)的一个特例。由此我们就可以认为所有实践,包括那些声称免除费用的无私行为——因此是"非经济"的行为——其实都是"经济"行为,其目的就是使物质资本或象征资本实现最大化。他的概念就是实践经济的科学。布迪厄作为实践理论的代表人物,他的一套理论设计,除了大家比较熟悉的习性、场域,他的资本体系也是比较重要的。他的这个资本体系从微观上看,就是借用了经济学的术语,就是资本。然后把资本扩充到政治资本、文化资本、社会资本、象征资本等,他把很多东西都资本化了。资本化以后,接着就是玩各种各样的市场,后来关于这个我写过两篇文章。我们有一个老师他是做经济社会学的,他经常对我的这个理论有不同的意见,但他不好意思对我直接讲,看得出来他是有自己的看法。

这个话说到这。其实是我自己是很自信的,完全没有问题,因为有人顶着了。你有这种资本,但没有这种市场,没有政治产权,这个是说不通的。当然还是我们人类学的思考,就是初民社会没有经济、没有政治以及其他状态是什么等。所以复合型,包括产权的复合型,其实就是早期社会的一个特点。这个只有你做人类学有这样的思考你才比较理解这个。但是对已经功能分化出来的社会,你倒过来想,如果没有初民社会研究的基本知识,这个理解是很困难的,因为经济到你那里,初民社会就没有经济了。推到前面没有经济、没有政治,甚至宗教这些概念推着推着都没有了。但是那个社会是有的,它很多东西没有像我们现在这样分化出来。我在讲这些的时候,其实后面是有方法论的。那有些同学可能会想,你不就是一些概念吗?概念你想说就说出来,不想说就不用说了。概念的问题,就是唯名论和唯实论的东西,这些是有的,但是你仔细分析初民社会,我们根本没办法分析出真正意义上的经济。初民社会有生计,但是初民社会没有我们现代意义上的经济,这是另外意义上的问题。我想说的是什么呢?如果大家有这样一个思路,就是我想说的关于初民社会的它所谓的经济形态——如果我们不在乎这个词的话——它到底是怎么样的?我们人类不可能是中断的,即使你有资本主义,我们所有的规则都变了,但是我们很多的根都可以在人类社会里面找到。就是写《玻璃的世界》的艾伦·麦克法兰,在他的另一本书叫作《英国个人主义的起源》里面,他讲到文艺复兴讲个人主义的时候,你哪能说个人主义是从文艺复兴主义开始的呢,其实在这之前早就有了。你突然弄出一个个人主义的东西来,所以说它原来的形态和它后来的形态怎么一步一步走出来的,如果我们理清楚这点,这对我们如何看待今天的社会和今天的经济是极为重要的。但不知我讲清楚没,所有人类学家和我们的同学都应该有这样的一个思考,可以从初民社会一点一点地慢慢地研究过来,我们发现很多很重要的经济的逻辑与初民社会都有直接的关系。

下面我举两个例子。第一,“默言交易”,又称默契交易。在人类学里面,关于默言交易,大家现在理解默言交易很奇怪。说你两帮人都躲到林子后面,前面有一个空场,这是人们一个贸易的空间。如果用今天资本主义的经济术语来说的话就是市场,为什么?市场是什么,在国外经济学里面就是定价的空间。在初民社会的默言交易过程中,一帮人躲在林子里,他们把皮子放在某个地方,村子的人知道他要换稻谷,于是我放两捆稻谷也在那里。如果林子的人觉得不够,他们就等着不出来,村子的人就会看出来知道不够,他们就再拿出一筐放在那里,大家互相觉得够了就带走,这边再把皮子拿走了。我不知道你们想过这个例子没有。在人类学里面,比如栗本慎一郎在《经济人类学》里面讲过北海道类似的例子,也讲过中国的股市。其实不完全雷同,但有些相似的东西。这里有一个很重要的它就是说,市场伦理是什么?我们做交易或者做交换,它的市场伦理是什么?这里就是涉及这个。下面我就举一个简单的例子,讲什么是公平,公平的概念又与哪些因素有关系。

初民社会有一个特别重要的东西,我们刚才讲过,它跟什么东西有关呢?就是物品。物品最直接的就是使用功能,就是整个物品,“库拉”的话就不一样,不管是交换臂镯还是项链就不一样了,它直接的功能是相对次要的。中国(学术著作)里面习惯把马林诺夫斯基的臂镯和项链的交易叫作“信礼”,这个翻译我也知道不是太好,“信”就是“信用”的意思,就像男女孩子定情的时候送的信物。你送一个东西,当然送东西主要是为了确定这种关系,库拉交换的这些东西在交换的时候,在走的时候,它是在确定这个村落和那个村落之间的这种社会关系。所以库拉交换在骨子里是一个社会关系的交换。但是马林诺夫斯基在这一点上没有非常的自觉,用经济的关系来描述库拉交换,这也是萨林斯批评他的一个点。其实是反过来的,社会关系交换是带着一种经济物品的交换。那这个就是一个很重要的点,初民社会是什么交换为主?就是什么交换都是经济的物品跟着我们走,现在我们是不一样,现在我们是交换物品带着社会关系,交换物品带着权利,交换物品带着其他。这就是一个思考,所以默言交易很重要的一点,即原初就是一个公平伦理。在讲到这个的时候,下面这段话就讲到,在默契交易中,交易现场是绝对中立的,并且为保证交易场所的这种绝对中立,人们又赋予它以一定的神圣性。在英国,市场交易场所常常建有一座表明其特殊使命的十字塔,人们称之为“市场十字架”(market cross)。19 世纪英国经济史学家坎宁安经过考证认为,这种“市场十字架”原本是些石头,被称作“市场石”,用以表明其周围是神圣的中立区。(栗本慎一郎,2002:82)到了这个时候我们就比较容易理解,大家会明白欧洲有一种决斗:一个空间,站着两个人,同时拔枪,他们看谁先把谁干倒。这在我们当代的伦理中是无法理解的。就两人,大家互相等着一块喊口号和一块拔枪,一个先拔出枪先把另外一个人干掉就结束。这个(即)空间的神圣性。另外,默言交易实际提供了什么?就是最自由的交换是什么样?自由市场的逻辑体系是什么?它应该是什么?它怎么公平?刚才我讲了,默言交易完全是一个纯的自由经济,没有任何限制的完全自由定价的自由的市场形态。这个我不细说,你去慢慢思考这里面的一些规则。但是到我们这里完全不是这样,后来一步一步地再加上一些东西。

第二,公共财产的问题。我们讲的大多数的产权形态都是公共型的。这个公共型的话,大家看这个话就会明白,我们人类学的教材里面经常有这样讲,说得再俗一点,就是什么是公有。如果我没吃的,只要一家有吃的,我就饿不着,因为我可以到你家吃。所以经济人类学发现一个很有趣的现象,就是在资源短缺的时候,大家会发现开始这个资源的分配趋于平均,大家越来越来平均;如果资源再短缺,这个平均的方式就会缩小。就像家庭单位,就像道格拉斯在《制度是如何思考》里面讲的——大家可能都知道这本书——他曾经举过一个例子,就是岩洞里面没有吃的,这五个人怎么办。那两种极端的解决办法就是,一种是资本主义的方法——吃人。反正我们是要活,谁弱,不管是女同胞还是小孩,先把他们吃了再说,这样我们四个人能活下来。接着谁有权力,谁有劲,你再接着吃,吃剩一个算结束,逻辑情况还是这样的。另外一个我们今天完全不能理解,就是大家都一块饿死。这就是初民社会的逻辑,就是为什么越来越平均?资源短缺的时候我们有两种选择的情况,一种就是有权力的人他更多地把资源敛到他们那里,其他人饿死都拉倒,因为他们有权,资源又不多,有权力的人不可能让着没权力的人,有权力的人的先活着。但是在初民社会,我们看到的情况就是平均,大家共同来承担。那意味着什么?就是大家一块死。我想说这些例子要说明的是引起大家思考的是什么,就是它的逻辑是什么。我们现在的资本主义,如果资源短缺的话会怎么样?就像战争,难道不是因为那里有一点资源吗?我有能力,我就把资源弄到我的手里。现在世界上石油短缺,如果什么短缺,绝对不可能产生平均。就像我们大家都平均分配,可能吗?不可能。我们连我们自己的祖宗都不如,初民社会的一些逻辑,今天我们都全部扔掉了。

我讲这些的意思完全没有左或者右的意思,或者新自由主义的意思。我的意思就是讲一个很简单的道理,即我们从初民社会看到了什么,还有就是人类学家可以做的一些事情。一步步看过来,所以这个里面,由于时间的关系,就不详细地去讲。这里面比如说共享,这是一个特别重要的基础伦理。其实在这个里面,实际上包含着在初民社会中存在个人的所有,并不像我们想象的那样,当然私有的概念现在讲起来特别别扭,这是可以共存的,但是个人的所有,在一般意义上它不作分割。大家明白我说的意思吗?我的意思是有些东西是大家伙儿的,也属于我们大家伙儿的每一个人。当然它不是股份制的概念,千万不要理解为是股份制的。但是这个东西它不分割。去年北京在搞土地流转的改革时候,我到平谷区的一个镇里做林权改革。在北京做得比较好的,我们现在的极端的做法就是(把林地)分给每一个人。但是它不是这样的,他们的一个办法就是这片林地——我就是打个比方——比如在一个有五百人村子里,就是这块林地归五百人,但不属于集体,它在名义上不是集体,这五百个人每个人拥有五百分之一这块林地的产权。但是他用一个变通,他说就是你们是拥有这五百分之一土地的拥有者之一。但是在实物形态上我不划给你,换句话说,你不是要包到个人吗,你不做不行,因为这是上面给的规定,这个必须要私有化。你要私有化,我就私有化。这有五百亩,我有一亩,但是这一亩在哪不知道。你说你有一亩地,但是没人说在哪里,没人划给我。大家都知道,产权上面有所有权和处分权等等,有很多的产权形态。像这些产权,我现在名义给你,这些所有权都是你有,并且占百分之一,但是处分的时候没有,不知道在哪。然后这个镇长讲了,这样做完以后,一是为了应付上面任务,第二我就可以跟大家协商以后这些土地能干什么。我只是举一个小例子,这个例子有点智慧。虽然他不知道人类学的初民社会是怎么做的,但是这个很像:这个是大家的东西,但是我不分割到个人。可是我们现在是要分割到个人,要把产权一定要分割到个人。这个我会在后面讲到,产权的东西有很多,是非常有意思的领域。但是其他的由于时间的关系,我就不讲太多了。

我们现在就是开始新的经济制度与过去包括初民社会的经济开始对话,就是古得里亚(Maurice Godelier)有讲一个"夸富宴"的故事。因为这个是人类学教程里面的,大家看一下就会明白。曾经有一个朋友告诉我,在美国有一个做印第安人旅游的,村子里面人去了以后他还会给你20dollar。这个好像有馈赠的意思,实际就是让你买东西,然后赚回来。就是玩形式的东西。但是就是说,它是讲这种"夸富宴"的变化过程。原来的"夸富宴"的含义一旦进入我们现在新的经济概念里面,你发现它的含义开始变味了。这些消费的概念和这些挥霍的概念,其实"夸富宴"在我个人的理解,不管是莫斯讲的馈赠还是"夸富宴",实际上它都是讲关于产权的问题。为什么都是关于产权的问题?就是因为共有产权。前面的一个例子我已经讲过了,就是因为共有产权,你在一个村落里你不可能独自拥有很多的财产,而且很明确地变成是你个人的。举个例子,很典型,说俗了点就是,如果我今天没吃的,谁家有吃的我就去吃,总是大家吃到最后一口。所以大家留那么多吃的都没用,你留的多一点,大家到你这吃的就多。话说得俗一点,就是大家都不会保留很多,但是大家可以用这些财产换别的东西。换名誉、换权力、换社会关系等。因为在那个年代,在那个社会,谁拥有权比拥有钱更有用处,比如社会关系。你在这个村子里的社会地位,大家对你的赞赏还是什么评价都比你有钱更重要,因为与你有钱都没有关系。就算你有钱,大家哪天没钱都跑到你那里去拿走了,这与产权的形态有直接的关系。现在这个社会之所以这样,当然大家都知道是与我们现在的私有产权有很重要的关系。

接下来我就想提一下,大家说所有产权没问题,这不挺好的吗?为什么?因为它与我们的个人主义极为配合。它满足了我们每个人想干什么的欲望和需求,这就是海耶克(F. A. Hayek)和凯恩斯的纠结:一个要做到极端的绝对自由,但是另一个强调是国家,这都是在古典经济学的意义上。关于这方面我前两年写过一篇文章,在网上可以搜到这篇文章,我没记错的话,这篇文章应该是放到经济学的栏目里面。在《江苏社会科学》2011 年 06 期的第一篇文章。那个主编是做经济学的,就是我们社会学的编辑,他征求我的意见说放到哪个栏里,我说当然是放在社会学。但是后来他说不行,第一篇放到经济学里面。我不是说我的文章有多重要,但是这篇文章在我看来就是,我是下了很多功夫写的这篇文章。它在讲一个根本性的问题,就是你到底怎样去看市场经济和计划经济。我用了一个特别简单的例子,我把它叫作“信号灯的法则”。因为我自己是学动力学出身,就是物理学,我是学天气动力学出身的。有一个很基本的东西,那就是说你怎么做秩序。不管是计划经济还是自由市场,他都是在做秩序。“信号灯的法则”它告诉我们的是什么,我们叫作“群体动力学法则”。现在我们假定就是有一帮人,在十字路口怎么做秩序。如果你们想这件事,你们首先想到是什么?如果按照我们的习惯,那就是按照国家的规定。那现在有 100 个人,我就让他们各 25 个人走东西南北。各 25 个人,你就让他们走,那这个秩序就很简单。那大家就一定会开始想这个一定有问题。我不想往东走,你为什么规定让我向东走。这是计划经济。要维持这个的秩序成本很高,我们都不想这样走,你要让我们这样走,你要维持这个,那你就让警察看着,这个成本很高。那另外一种情况就是我把 100

人就扔到十字路口,你爱上哪就上哪,但是我必须作一个规定,这个规定是什么?实际上就是公平的规定。就是每一个人的机会是均等的,所以大家避免相互的碰撞。我不能说我块头大就勇往直前往东去了,谁也拿不住,碰到一个撞一个,大家都要躲着我,这就是机会均等。大家都知道这完全是一个概率的问题。但是经过一段时间,你会发现一定会形成向各个方向的稳定的有序人流。我讲微观的机制是什么?大家都找自己的方向走,但是大家都互相不能碰撞对方,在走的过程中大家在一定的概率上在某个空间上可以发现与自己方向一致的人。你发现我们两个人方向是一致的,都想往东走。当你们两个人排起来往东走的时候,你就会发现躲你们两个人的人和跟你们的人都会有,这样是不是概率更高,因为两个人的目标更大。如果一个人看到你们在那里走,他会当第三个人,也跟着往东走。相反方向的人都会躲着你们,因为你们人多。这个道理特别简单,我们在物理学上叫作"information",用我们的词就是"powerful",所以跟你的人就增加。同时会参加的人和不跟你的人都会重新寻找到方向相同的人。以后向各个方向的稳定的人流都会形成,这就是绝对的自由,而且这些都是自由的,都是自由找秩序。你们自由谈价格,但是大家知道这个交易成本也是很高的。全世界都遇到这样的秩序问题,就形成了一个办法就是"信号灯的法则"。因为采取"信号灯的法则",它保证了每个人他想去的方向。信号灯作为一种协同的机制,它保证了每个人用最短的时间去自己想去的地方,这个叫信号灯来做秩序。我用这个例子是要想说明一个道理,就是这个动力学的原理完全跟经济学无关系。我没有时间用物理学的原理给你们讲一些简单的例子,我就不多举了。什么意思?如果是把它比作计划经济和市场经济的话,"信号灯的法则"告诉我们大家一个意思,即两个极端都是不可取的。我们最节约、最经济的方式就是在他们中间找到一个类似"信号灯的法则"的方式。所以我们现在,你看全世界,就像经济学家说的那样,批评海耶克(F. A. Hayek)的人其实都在批评集权经济和集权政治的观点:你这个肯定维持不长,事实上就是如此。全世界的经济形态都是在这两者之间找到一个平衡点,稍微偏向某一个多的时候就会出现问题,就像美国也一样。它虽然是资本主义,相对来说是属于一个大的自由市场,但是大家知道像美国这样的其实整个都是往后退的,国家参与经济的这种倾向越来越重。这个其实道理是很简单的,资源短缺的时候,在管理这一块一定是会出现问题的。

这里面我也会举一个例子,比如2009年诺贝尔经济学奖得主威廉姆森,他有一个概念叫“资产专用性”。这里我就简单讲一下,他的意思是什么。他是研究产权经济学的,是科斯的学生,科斯是经济学诺贝尔奖获得者。交易成本和产权经济学都是他们这里面比较基础的东西。他的这个资产专用性很有意思。它是一个逆势转化的东西,它是讲什么呢?就是一大批人都在做自由市场和自由议价,这个自由议价的成本是很高的。我刚才讲了,你如果在十字路口,而一百人在十字路口去找方向,你总能找到。但是这个成本很高,那现在怎么办?现在在市场里面出现了一个概念,就是“纵向一体化”或者“资产专用性”,他说,“资产专用性对交易成本经济学的重要性无论怎样强调也不过分”。因此,正是(满足)资产专用性这一概念所需要的那些条件,才能把竞争型合同与治理型合同区分开来。什么是竞争性的?什么是治理性?下面我用一个图表来说明一下。我就作了一个简单的区分,即前者是市场治理,后者是机构的混合治理。通俗的例子就是什么呢?大家知道就是OPEC。这个人他拿着石油,如果我们每个人都单独去议价的话,交易成本它是很高的。我们想成立一个组织,用威廉姆斯的话说就是我先把这些石油都变成我自己的共有的东西,反正这些石油都是我们这些石油输出国的共有财产。这个又涉及产权,即共有财产。我们做了之后,我们就商议,因为都是我们自己做的东西,然后我们谈价格。大家说,这个多少钱比较合适,所以全世界的石油价格在石油输出国组织(OPEC),这里面全由他们自己定。我这样说的话,我不知道大家是不是明白我的意思。我们以为这是一个在资本主义自由市场里面的一套观念里面,一套制度里面,但是现在形成的这样一种趋势和倾向。它最有意思的是伴随的治理,不是市场的混合治理,而是机构的混合治理。机构的混合治理包括政府和包括企业等。用我们现在的话说就是走向偏向计划经济。这个说得俗一点,但不是简单的计划经济,完全市场里面生出来的经济的节约,这就是经济的本来的含义,是自然生成出来的一种体制。是什么意思?就是经济内在的一种逻辑。因为过去我们一讲到市场经济,首先想到这是一个人为的,就是政府想干预。但是在资本主义的市场经济里面,它就是自然生成出来的一种“产权专用权”。像“纵向一体化”要求的一种东西,是自然的要求经济走向集中、自然的要求政府走向参与治理、自然的要求走向共有产权,这个意义是极为重要的。当然这也是威廉姆森获得诺贝尔经济学奖的主要原因之一。所以我说到这里,大家可能就会慢慢明白和理解。其实在这后面,当你去理解这样一些东西的时候,当然这后面还有一些,我就不多说,如果有兴趣你可以去读,其实我对科斯的定律也有一个讨论。科斯是威廉姆森的老师,科斯定理是一个很著名的理论,他是产权经济学和经济学的奠基人。这个我就不去详细说了。

我的思路是什么?因为当时科斯很强,他研究的出发点一直以自由市场为落脚点,无论谈交易成本还是谈什么问题都是这个。威廉姆森比他好一点,他用一个物理的概念,即成本就像物理学中的"摩擦力",他用这样一个概念。这个有一个很深的含义,现在就不说了。我把科斯的这一整套理论叫作"一端论"的理论,即用自由市场来建立自己的理论体系。不管是批评还是支持,其都忽略了另外一端。比如我们说交换成本,他认为自由交换的交易成本是为零。当然这个他认为是别人对科斯定理的归纳之一,科斯自己认为这是不准确的,但是很多经济学家都这样用。实际上很多人忽略了一点,就是不考虑制度成本,只考虑交易成本。如果只考虑交易成本的话,绝对的计划经济交易成本也是为零。我根本不交易,我所有的东西我都是分配好的,其实不需要交易。价格我直接制定,我们不需要谈价格,这个在理论上面是极端的理论,在交易成本上也是为零。如果两个都是为零,即绝对的交易成本为零,绝对的计划经济为零,这个就变为一个很有趣的理论对话。我简单地说一下我的思路,我把科斯的理论称为"一端论",我补充了一下,我把自己的加上去就叫作"两端论"。我们用"两端论"的理论来讨论我们刚才的这个思路,就是"信号灯"的思路,你就会明白所有现实里面的市场存在一定是绝对在国家的计划和绝对的自由市场中间的一个状态。我不知道我这样说大家明白不明白?我自己认为这是很重要的一个发现和一个定理。明白了这件事情以后,我们回过头看看我们中国的社会,想绝对地要走向市场这种趋势,或者有一部分人说要回到计划经济时代的想法都是错误的,假如我们讨论这些问题就是伪命题。

最后因为时间的关系,我讲一个附带的问题。如果你讨论计划市场和绝对自由市场都是伪命题,这之间还有一个附带的问题就是为什么"公有"和"私有"也是伪命题?这个是特别重要的。为什么"私有"和"公有"是伪命题?我们倒过来讲。如果我们将“公有”和“私有”这两个概念放在我们现实社会里面,不管是我们还是在资本主义社会,其都会变成少数人的所有,我不知道你们同意不同意我的观点,这都会变为少数人的东西。你讲“公有”最后变成少数人的公有,你讲“私有”最后变为少数人的私有。我们为什么搞私有化其结果是贫富差距那么大,就是因为少数人的私有。你本意就是大家所有,邓小平也讲了,就是先让一部分少数人先富起来,那就让他们先富起来。但是胡锦涛也讲了共享改革建设成果,你共享了吗?这是个问题,为什么都会变成少数人的所有?为什么都会变成是富人的所有?这两个概念的后面有着很基本的问题。这个基本问题在哪?这是一个经济逻辑的概念。我只是简单地提一下。它的问题出在什么地方?这又回到我们的人类学。如果你看初民社会,你会发现什么叫作“公有”。我们现在你会发现这个里面有一个误解,因为我在前面已经讲了,在初民社会不是叫“公有”还是“私有”,这个词不重要,重要的是共同所有。资本主义的起点是什么?就是自由市场,就是强调公平。什么是公平?不是因为你块头大就公平,不是因为你是股东就是公平,而是每一个人的公平,这是建立在个人主义基础上的。个人主义基础上的所有在严格意义上不是私有,是叫作“个人所有”,即每一个人的所有。这么说你们肯定同意,任何一个经济学家都同意我说的,这个完全没有问题。问题在哪?问题出在概念的使用上。所以资本主义私有和个人所有有区别吗?很多人忽略了这一点,尤其经济学家更忽略了这一点。这样差别就非常大。当我们讲个人所有的时候,即每一个人所有的时候,比如海耶克,我的自由市场不可能建立在私有的市场上,因为私有是少数人的私有。少数人掌握更多的权利,这怎样玩自由市场,这肯定就不自由。

我只是举一个股市的例子,如果掌握很多资源的人跟你谈判,你怎么跟人家谈判。我是讲极端的理想状况。我们就把这个经济模式极端化,海耶克(F. A. Hayek)的观点只有在一种情况下可以成立,那就是每个人的所有,而且每个人在权利上都是公平的。极端的计划和极端的公有,应该是什么?就是极端的共有。极端的共有和极端的每个人的所有其实逻辑上是一致的。为什么一致?极端的共有就是我们每一个人我们一起的公有。产权不分割,每一个人的所有,就是有一个东西我们每一个人都占有它。这堆东西是我们每一个人的。比如中华人民共和国的一切权利归人民,这是宪法里面规定的,但是做起来又是另外一件事。共有和个人所有才是真正的产权的两个极端。现实里面我们不玩这个,我们玩的是公有和私有。最后玩的结果就是共有,谁代表少数人的公有和私有,有钱人变成少数人的私有。为什么会出现这些问题?我后面会讲到。我先从理论上讲,我们从初民社会作检讨看这些问题,都是背离我们初民社会的一些基本公平法则。我之所以这样说,我也是这样的看法。我的这些想法一部分来自我的物理学,物理学我是比较熟的,但是我不能用物理学论证这个。我更多的灵感是我对初民社会经济的了解。你会发现我们现在整个资本主义形态完全是一个扭曲的形态,如果世界都按照这样的经济制度发展下去的话,这个会加速世界的面貌(恶化),比如战争、贫困这样的问题都不可能解决。其实很多学生有这样的预感是解决不了的,因为我们的资源越来越短缺。刚才我讲,资源短缺的时候,五个人在山洞里面,你是一个人死还是大家一起死,这是文化的问题。现在因为时间的关系,我就简单讲到这里。下面留一点时间给同学们。这是一个比较抽象的概念,我是带着极大的热情跟大家作一个交流。可能我讲得不是很清楚,因为其本身的复杂和我本身的语言能力,不过我刚才的这样的一个表达希望大家都能参与进来。也谢谢大家耐心地听我讲了这么多非常玄乎的东西。谢谢大家。

评议与讨论

潘蛟:现在我们进行下半场的阶段。下半场主要是提问和讨论问题。还是照原来的习惯,我先说一下我的学习体会。首先,张老师他自己的讲演内容包括得很多,虽然是人类学的经济学,但他也是站在经济学的角度来谈问题,涉及的领域有制度经济学和产权经济学等。可能我们有些学生不是太熟悉,张老师一直在问他说明白没有,其实是一种谦虚的说法,实际上他的意思是你们听明白没有的意思。在这里他确实把人类学的一些观点提起了,就我个人而言,我感觉他读了很多的东西,我自己没有他读得细。对于经济人类学和产权经济学这些,我虽然知道一些,但是知道得不多。我个人有些问题可能是出于我个人的无知,下面就张老师讲的内容我谈一下自己的几个问题。

第一,我觉得张老师前半部分基本是在谈萨林斯等,当然也谈到了布迪厄,一般都是经济人类学,或者文化人类学或者说是人类学的谱系,这算是正道正宗。谈到萨林斯这些基本上认为是经济的,谈到西方资本主义等一些理解和思考的一种方式,其实说的是一种西方的文化而已。这个是可以看到的。他谈到有限目标经济,认为以前人们在谈经济决定人们的信仰、决定人们的价值、决定上层建筑。他也谈到了价值怎么决定对资源的利用、对财富的追求。这中间也谈到一个所谓的人类学里面的一个生计经济。资本主义经济和生计经济是不一样是吗?生计经济是为了幸福和解决吃饭的问题,为了生存。资本主义经济不是为了生存而生产,不是为了使用价值而生产,而是为了追求价值在生产,这也造成我们今天的一些生态危机都和这些有关系。但是后半段我觉得主要是在谈交易成本的问题,而交易成本在我看来,虽然像科斯这些谈到这个问题的原发性很清楚。第一是为什么会有企业。企业是一种组织,为什么有了市场还有组织,他说因为在这个中间,你谈到威廉姆森说的一个智力问题。因为企业里面从这个岗位到那个岗位,我不是因为市场价值追求的原因,而是我的公司领导委派我到这里来。这个道理是什么?那企业内部到底是购买还是计划派遣,这个取决于交易成本的问题。那交易成本,包括你的"信号灯"等问题也是谈到一个成本的问题。而这些在我看来好像是经济学的。他好像谈的和萨林斯等人扯不到一块儿。

这是我个人觉得,但是最后这个落实到一个问题,张老师他在这个里面我们可能看到,它确实很明显是要解决一些难题,解决难题我也能看到他的一些创新性和创造性,尤其在开头和结尾,他谈到了两个概念。一个是私有制和公有制的问题。他在这里面谈到一个"共有",这对我影响很深刻。之前他提出了两个概念,"公有制"和"私有制",不一样的又提出来两个概念,"共有制"和"个体所有制"。他的逻辑是对我来说是新的。"共有制"和"公有制"是什么区别?"私有"和"个体所有制"是什么区别?这对我来说都是新的东西。我的理解就是,他谈"共有制"的时候谈到一块林地大家共有,但是不能把他们分解,大家都有。那这个共有制在这种情况下也是等于个体所有。虽然他是一个共有的,但同时他也是一个个体所有制的。从逻辑或者纯净的状态下,这个共有制等于是个体所有制。在这里面,共有制和个体所有制的界限概念就变得模糊了。那至于公有制,在论证的逻辑上,我听得不是很清楚,在他的意思就是,公有制可能会出现一种支配、管理、分配公共财产代理人的问题少数人的公有制,那这个代理人就落到少数人的手里面,那这个公有制也就成为少数人的公有制,等于说资源的再分配权只是掌握在有权的少数人手中。私有制和个体所有制是什么一个区别,我的理解好像是在说,私有制不一定意味着每个人都有,私有制也可能是少数人的所有。在这里面你会看到公有制和私有制的界限又变得模糊。那这个提法,可以看得出来他是思考得很辛苦。

现在的问题就是我在课下和他交流过,我现在有一点不是很明白,这个"共有制"和"公有制"他们之间的界限究竟是什么?在什么情况下,共同的所有会变成少数人的所有。他的条件是什么?这个就是我的问题。我的评议完了。

张小军:我先作一简单的回应,因为一会还会有问道。我讲到方法论上面,我还要回到气象论上面,因为我是学气象学的。我们在讲一个概念,大家都知道 PM2.5,我们现有的空气是浑浊的,以北京为例。学气象的时候你不能这样学,有一个概念叫作"本地大气",其意思就是,我们完全没有污染的大气是什么样的?只有我知道本地大气是什么样,我才能知道我们现在的大气是什么样,现在的空气污染到什么程度。但是现实里面是不存在本地大气,不管在哪里空气不可能是完全没有污染的,其实都带有污染。但是本地大气的作用非常重要,如果我们不了解本地大气,就没有办法理解我们的空气是不是受到污染。我在讲"共有产权"和"个有产权"的时候,是把这种情况极端化的时候。我刚才把它们两端化的时候,其实就相当于我们的本地大气。在经济学理论海耶克的是不存在的,布迪厄把它推到极端也是不存在的,两者都是一种理想状态。换句话说就像我们的本地大气,但是在研究中它其实很重要。就像两个标杆一样,如果我们不知道两个极端的产权概念,我们就没办法理解中间的一种状态是什么意思。

下面我的这段就是这个意思。我当然没有用这个词给大家讲,绝对的共有产权是不分割的,像潘老师刚才理解得特别对,为什么绝对的共有产权和绝对的个体所有在深层逻辑是一致的?一块东西是我们大家所有人的不能分割,那每一个人都平均地拥有这一块东西在深层逻辑上也是一样的。只有在什么时候是不一样的?这帮人不平等地拥有这块东西的时候,这个就叫作私有制。我用私有制这个概念,因为私有制是不平等地占有那块东西。公有制,我们讲到不管是国家所有还有集体所有,或者其他什么公有形态,结果也是一样。为什么会出现这种情况?就像刚才我说的,为什么强调两端的理想状态,因为这个是我们很重要的逻辑出发点。因为这不是我说的,海耶克的出发点就是这个。如果不这样,你怎么谈自由市场。说一部分可以拥有主宰一部分人的命运,这不是海耶克(F. A. Hayek)的观点,因为你没有公平的自由市场,你没有公平自由地去议价,你没办法做到这一点。在现实里面为什么做不到?这个道理很简单,因为我们没有纯的经济。哪有纯的经济?初民社会就是纯的经济。我想要去这样的议价,比如我放多少谷子在这,你用多少皮子来换,这就是纯粹的议价。但是现实社会里面是不可能有的。比如政治权力一定要渗透到或者嵌入在经济里面,这就是权利。在经济市场里面,肯定有权利和没权利的不同,在现实里面没有纯的经济。比较纯的就到初民社会去找,比较纯的共有产权、个人产权,只有到初民社会去找。刚才我为什么强调要从纯的初民社会看过来,因为那是我们曾经有过的经济形态。如果完全没有,就像我们讲的气象污染,如果我们有一种本地大气,或者早期的它更接近本地大气,现在我们看过来一步一步被污染了。我们早期的初民社会是共有产权和个体所有产权,当然道理简单,现在一步一步被我们回到我们对布迪厄他们的关注。第一,经济为什么会变成主流?第二,嵌入性的和纯的经济在哪?这些都没有,而且越来越没有主流经济。但是在资本主义主流话语里面,它不断地强调自己是纯的经济和公平的经济。

我们刚有一个老师从美国回来,他从耶鲁经济学院毕业。教了几年书,又留英到了政府部门做了好多年跟经济有关的管理人员。我们在聊天他就讲,我学经济的时候没有体会,我在美国管理经济这么多年里面,我发现金融市场确实是一个要命的东西。什么意思?我们做了一套制度叫"金融制度",然后我们开始玩这些钱,大量的不公平,基础的不公平,大家就这样地玩。只要你爱玩,只要是股市里面的散户,你就玩。只要是有权利的人就玩权利。但是这种制度大家没有人质疑,大家为什么这样玩?游戏的规则谁定的?刚才我说过股市的规则是错误的,但是很多人觉得没有错,别人拿自己的钱应该这样。我去食堂,我块头大我就多吃吗?这看起来是对的,其实这不符合我们的"民权基础"和"人权基础"。这不符合人权的概念,人权的概念是人人平等。你如果可以找到一个理由你可以多拿,那谁都可以找到理由。我们只能找到一个公平的理由。在哪呢?我们倒回去看初民社会,看过去人的公平逻辑是什么的时候,原来它不像我们想象的那样。所以在这个里面我强调是具体的共有和私有在一般意义上的概念。资本主义经济制度是试图把所有的东西都剥离掉,让经济更干净,这样是太理想化。所以在资本主义体制里的经济就是权力和关系等,它会尽最大努力把这些东西剥离掉。但是现实社会里面,我们把它叫作前资本主义社会,我们更多是融合在一起。这个没有价值的判断,不是说剥离不好或者不剥离就好,我不是作这种价值的判断,我只是在说。所以相对而言,在资本主义社会里面,在尽可能剥离的时候,私有制和个人所有制是相对比较接近的。比我们的接近,这是相对而言,这完全不在绝对的意义上。因为这是不可能做到的,所以在资本主义社会这件事情其实是一样的,少数人占有多数的资源。

现在美国有一个基本的评价,社会的贫富差距分化也是越来越大。为什么会出现这种现象?有很多的因素,金融制度是其重要原因之一。大家还继续玩吗?如果继续玩、继续不公平、继续造成社会的贫富差距分化,而且大家不会质疑规则里面的问题。其实规则里面是有问题的,这是最要命的,最大的问题就是巨大的不公平问题。如果我们从初民社会和人类的发展一步一步去看这件事的话,你会有自己不同的看法,我大概就是这个意思。

梁永佳:我可以多说一点,我带有一个评论和一个提问。我理解张老师的这个想法,不是那么一个理论的东西,是非常实用的一个东西。他站得很高,他拿出的一个办法就是面对中国的一个左派还是右派的撕裂性的争论,拿出来一个比较可行折中的办法方案,就是我们不要在那老谈市场,也不要老谈国家,我们是不是国家和市场都来点。同时,我也想起邓小平南方谈话,即资本主义也有计划,社会主义也有市场,你不能说纯粹的计划,或者市场。但是这个道理说出来可能不是很清楚,我觉得张老师可能是在学理上讲的是这个,也把这个问题讲清楚了,即在中国现在的情况下如何走出一条出路的看法。我们应该抛弃这种私有还是公有、计划还是市场的这种二元分割现象的看法,我们应该回到我们对产权的一种实际所有的状况。比如说共有不是绝对的共有,而是以社会单位为共有的这种方案。我觉得在这个空间里面会容纳很多人类学的惯常使用和拿手的一些社会观。我觉得在这里面实际上是一种交易和分配道德的问题。从莫斯到博兰尼,再到萨林斯等读出来的一个东西,莫斯的《礼物》并不是说经济是怎么产生的,而其实谈的是道德契约是如何形成的。比如我给你东西,等过段时间你会给我还回来,这里面有一个道德的问题。如果你不还回来的话你就是缺德,这就是一种道德。这种道德随着资本主义的兴起,跟物分开了,这就变成了马克思说的异化的现象。我们花钱就买到了道德,然而回馈和强制性就失去了,就出现"马太效应",即越有钱的越有钱,总是少数人得益。这一点特别有启发性,这是我的一点想法和评论。

我的问题就是,你讲的最主要的就是你的那个表格,你觉得科斯谈的那个东西,你自己通过提出"信号灯"的原理对科斯定理进行补充,使科斯定理对中国具有适用性。但是在这个背景下,我想到了秦晖的"尺蠖效应"。比如在美国左派上台,他就是有更多的公共开支,但是不用上税;右派上台就是我会减税,但是我不会减公共开支。不管哪个政府上台,都面临着继续举债,继续难以为继的这样一个情况。在中国的情况就是,左派占优势的会说我们要减少公共的产品,右派就甩包袱,每改变一次,不管是左还是右,普通人的权利和利益总是受到侵害。我的问题就是,在你的"信号灯原理"里所提出的建议中,如何能避免各种各样的公共政策对个人权利的肆意践踏?这个有没有可能?

张小军:谢谢你的评论。我先直接回答这个问题,我先从我的"信号灯原理"说起。我刚才也说了两种极端的秩序,其实现在都是有问题的。我们就用信号灯来调节,大家都知道信号灯里面的问题。但是大家都说你怎么让信号灯公平。比如我们的过马路,有时候红着灯大家也会过马路,因为等的时间太长。对我来说我花那么多的时间去等,我等不了,看看没有车我就过去了。可能很多人有类似的想法,因为你想信号灯让每个人都满意是不可能的。但是要尽可能让大多数人公平,这个就涉及很多的问题。信号灯有权利的问题,但是我不遵守。信号灯有心理上的问题,我可以等多长时间,我认为是可以接受的。信号灯制定适宜考虑很多的问题,比如哪个方向流量多,哪个方向流量少,这些都是考虑的因素。但是人的多少是有变化的,你必须考虑。我的信号灯也是有这样的设计,比如在高峰的时候,让主路多走一点,但是平时的时候各个方向都平均一点。但是怎么做,这是需要制度的安排。在讲这个的时候,我们抛开这些公有和私有,或者计划和市场这些争论之后,我们回到我们自己的国情里面,就要具体地看我们这些制度的安排是怎么样最合理。但是这有原则性,这个原则是什么?我刚才讲了,这原则就是我们叫作“本地大气”的原则,你保证每一个人的共享。这里我插一句,我不知大家最近有没有关注一种“云经济”,我把它叫作云经济,因为来自云计算这个大数据时代。德国有一个报告,说是有一个市场,大家把不用的东西都放到一个店里面,然后人们根据自己所需,不用的东西就放在那里,别人需要用的时候就拿走。我们假如这个商店本身是没有利润的,如果这种状态不计算或者忽略的话,你看这种状态就是共有。我们大家都把自己的东西放在这儿,谁想用就去用,这是网络经济云经济的一个特点。整个资源,假如过去我要上网的话就是在占用这个资源,但是现在的概念是什么?如果这个网络我加入进来,我会把我的电脑和我的一切资源等都贡献给这个网络。这是现在一个很重要的一个变化,所以才可能有云计算、云经济这样一种东西。云经济在产权上的特点是什么?即共有产权。我的计算机拿进来,你的计算机也拿进来,大家的都拿进来,这样进来的人越多越好,我们可以共享资源。这就是一种云经济,大家没有从产权上去解释这个。

上面我只是插一句说一下。我的意思是什么,其实制度怎么设计是很复杂的,其涉及很多的问题。在现实里面,大家的欲望都打开以后,我们该怎么办,其实各种各样的问题。永佳讲到一个很重要问题,就是道德问题。其实初民社会的经济最重要的一块就是道德。最近我的博士生在贵州苗族做调查,他们发现有 20 多个村子,有一个叫作“黎老”,他们当地的叫作“贾”,也叫作“贾辞”,这个当然是译音。这个特别有意思的地方在哪?即这个人在当地村落的地位,因为村子里面有各种各样的鬼师和巫师等。我们通常以为神职人员在村落里面位置是最高的,比如水树先生、东巴等。可以看出神职人员在村落中的位置是相当的高,比如你到贵州水树先生位置最高。可是你在苗族村寨里面,黎老的位置比巫师等神职人员都高,而且神职人员要向他请教。这个人有什么特点?即他的宇宙观就是上知天文地理、下知鸡毛蒜皮等事情,就是老百姓各个细小的事情全都找他。后来发现他的一整套的东西,用我们俗话讲就是道德师。他是一种道德主义、是一种理、一种说教。同时在村子里权力最高的人,是一个说理的人、以理服人的人。我们开始打算要做研究,但是我们不知道什么时候开始有这个东西,这个极为重要。他是最高权力的人、他是一个说理的人、是一个主持伦理道德的人。他完全不用法律和其他的东西去做村落的秩序,其完全是靠说理。所以刚才永佳提到那个是非常重要的。初民的经济伦理是什么?我们当然是缺德的,包括我们对法律的误解也在这。可以是完全没有伦理的,其实这完全是错误的。你这个伦理是怎么样的?所以我们面临很多的问题,即使我们现在有一个比较宽松的环境说我们不争,你说怎样的一个分配制度最好。因为我们没有纯的经济。刚才我讲了,现在政治权力渗透进来,而且社会的资本和社会的关系也渗透进来,所以我们纯不了。纯不了是不是就说这样不好?有一本写秘鲁的书,叫《非制度经济》,这不是人类学家做的,但这是很有名的一本书,我们国内有翻译的。什么意思?就是说哪怕是非政治经济、哪怕是一种复合的经济形态,这是我们人类找到的一种生活方式,在他们社会里面他们就是这样生活过来的。我们现在要用所谓资本主义认为是正确的东西套在这些国家或者文化上时候,这会出特别大的问题。所以拉美陷阱、非洲的困境等,我们看所有这些问题就会发现,这些问题其实是我们在强制利用我们的制度安排打进这些文化,所以出现巨大的问题,包括伦理的。其实这个后面全都是理性人的,这个全都是把大家的欲望打开了,这些都不是我们讲的本地大气里面的东西,全都是资本主义后来加进来的东西。此外,每个人欲望的张扬也不是个人主义的东西,也不是个人主义的概念。个人主义讲的是每一个人的权利,相对于中世纪神权的一个问题,回到我们这里就是一个产权的问题。谁说我们的个人主义就是把人的欲望无限地扩大,这是完全是不对的。这里面有很多的误解,如何找到一个适合国家情况的东西,最好的办法就是让人类学家来主导这个社会。我们可以讲出很多问题应该怎么样、哪些地方是对的、哪些地方是不对的。但是很可惜,我们出头的时间还有点远,这个我们这一代不行,就需要你们这代人的努力。我就说这点。

学生:老师好!刚才您说到资源共有,但是现在有的人已经拥有资源,我们有什么办法来让他们支持这种资源的共享行为?还有,你觉得我们是先把人们的道德唤醒达到资源的平均,还是等到过上若干年后,人类在各个方面达到一定的程度就会出现你说的那种资源共有的现象?你觉得哪个比较好?

张小军:你提的这个问题很重要。我倒过来说,核心的问题是什么?我前面其实问过一个问题,就是为什么经济会成为主流?其实好多人会说资本主义不好,其实我可以告诉我的看法,其实不是这样的。这是一个动力学工程所造成的结果,它本身也是动力学造成的结果。由于时间的关系等有时间我们可以细说。我先说说这个为什么会造成这样的结果,这里面有很多的原理,我只举一个简单的例子。我们讲个人这件事情,前面我讲个人产权的问题。但是文艺复兴把个人主义变为一个基础性的思想东西以后,这当然伴随着人权,像这样一些概念以后怎么办?每一个人的权利,即每一个人都有权利。但是我们大家知道,强调每一个人的权利不是在文艺复兴之后,而在古希腊城邦社会就有,就是我们现在讲的市民社会的概念。我们都以为是跟政府对着干这样一个概念,其实很多人都没有注意到,其实市民社会的概念与国家的概念紧密联系。因为在城邦社会就是市民社会直接去创造国家,比如议会制度。那什么时候有我们现在的市民社会?其实自由思潮以后才有这样一个跟国家对着的这样一个市民社会,本来的市民社会不是这个意思。我想说什么,就是后面有这么一个过程,一步一步走到今天。我们说要反对这样的事情,我们当然是先要明白,你得讲出来为什么不对。可惜的是很少有人讲出来或者讲明白。我们试图去讲明白,但是也没有讲明白,这就是问题。你讲出来大家接受不接受也是一个问题。现实里面这是一件极为困难的事情。我们学动力学的有一个基本的描述,动力学过程就是一个不可逆的过程。一旦上到这条道以后,你让它变为可逆,其能量的消耗是巨大的。我曾经上课问过很多同学,我们小时候觉得一个礼拜洗一次澡很幸福,我问你们一个礼拜洗一次澡行吗?但是所有同学都是不能。节约水很简单的一件事情,你都做不到,你还想改变资本主义社会和生态保护等,这不是那么容易的。这是有巨大的惯性,后面是动力学的原因。所以你刚才讲的这个问题不是很简单地回答。回到你前面的一个问题,这样理解这个初民社会,你说有很多人是中庸和走中间路线的,放到科斯定理和我做的科斯补充定理里面,其意思是什么?很多人选择走资本主义的道路,其实他不明白为什么走中间道路。我是希望告诉他们两端的情况,即本地大气的情况。纯净的理想社会是什么样的。因为我们是要参考这两段的东西来做我们中间的,我们不是随便地做中间。比如我们做产权就是这样,其实在极端的共有产权下面,这是我们的一个标度。极端的每一个人所有,这也是我们的一个标度,这两个都是理想状态,都是我们会去追求的东西。它不是排斥的,所以我们在做中间事情的时候是会把这个作为参考。如果我们私有化,我们讲私有化这个没有问题,但现实意义上我们不可能是绝对意义的平等,就是平均的概念。我们现在讲公平,而不讲平等。这是平均的概念。我们的标度是什么?我们的标度就是每一个人的平均。我国的宪法里面也讲一切权利归人民,我们每一个公民都有这个权利,这也是古希腊城邦留给我们的遗产之一。我们怎么参考这些去设计我们的分配制度,比如来看我们的经济制度。为什么让工人下岗?为什么让管理层控股?我碰到一个珠江三角洲的老总,他就跟我说,我干掉过两个企业。什么叫我干掉过两个企业?因为这个是跟政府联手,在第一个企业他自己就是管理层控股,因为自己是管理层,捞了一大笔,上面觉得干得不错,就叫他到另外一个企业。我们把这个叫作企业转制。这样又把另外一个企业干掉,自己又捞到很多。工人下岗,为什么要管理层控股?我讲一个俄罗斯的例子。每一个人都掌控股份,我要玩你,我到股市上把你玩掉。如果这个企业现在不行,我可以一人一份把股份拿走,让更大的公司来,没几天更大的公司也倒闭了。这就是还有一个玩的规则,就是直接把你剥掉。所以当我们有这样一个标度的时候,我们才会明白我们的问题在哪儿。我讲这两个标度就是权利问题和产权问题。我们只有这样不断地按照这个标准去做我们的共有和私有,即具体的产权,我们才知道怎么做这个产权的制度,否则我们现在的争论都是没有意义。当然还有经济利益的问题,后面的一切都会乱套。我就讲这么多。因为具体的说起来比较多。

张海洋:我也是同意永佳说的,就是小军今天说的这个题目是非常重要。但是我觉得有点可惜,因为你还是把它用在经济这个方面,其实整个内容是稍微有点反经济的,也许是学术市场上经济学的力量太大。其实做这样一个题目,我觉得其实它是叫人性和制度,就是可以扩展到人性、制度与神圣,或者也可以是人性、制度与道德。大概是一个意思,只是抽象成一个模型。既然是这样,我就觉得它延伸到这个学校里面的问题意识,它就是民族、国家和公平。这个事情也可以用这个模型来推导。如果用这个来推导的话,我就是很奇怪,你有两个东西没有用上,其实是有灾变的。你刚才说有些东西是改变不过来的,其实灾变和有些东西是可以改变过来的。比如北京有两个星期没水的话,大部分人会死,其实半个月洗一次澡的人也不会死。然后他的行为就会改变,一定是半个月洗一次澡的小孩,不会是一天洗一次澡的小孩。

这是一个灾变的问题。另外一个更重要的问题,我觉得就是给自治一个地位。就是在这里面,如果有了自治又会怎么样?我大概就是这样一个问题。你是搞经济的,而且对应的又是个体,现在把它放在集体的权利里面,就是没有自治会怎么样?有了自治会怎么样?为什么现在好多都反对自治,尤其是在中国?谢谢。

学生:老师好,我想问的是产权作为社会的次生现象,就像我们的最初关系都来自于农村,农村里面我们所说的村落,其最衍生的社会关系,但是它这个产权来自于社会交易私人现象,再拿城市来说,城市的关系也是来自次生关系,如果把城市这种关系解决好,是不是对产权有一种回应?

张小军:如果我们现在讲产权这个概念,包括一些经济学家和在人类学家在内,其实产权就是一个概念。产权它不是一个实得东西,就像我们的杯子,它是一个实得东西,产权实际上是我们给的一个概念,这个概念它所包含的意义是不一样的。经济学家会把产权定义为各种各样,你看产权大家就知道,其实我们也可以作定义。在这个定义的过程中我们的定义是什么?我们肯定不是以城市和乡村为划分界限,也不是以次生和原生来划分的问题。它跟经济的概念很类似,就像我们问初民社会它有产权的概念一样,它没有完全的产权,这完全是我们的学者作出来的概念。我们用这个概念去分析和界定现实。更重要的是经济学家会直接用这个概念去操作这个现实社会,我们现在就是这样,我们现在争私有和共有,争产权的改制就是做这种事情。产权绝对不是你刚才说的城市和乡村概念下面的一种理解,反而现在越来越多的人意识到产权只是一个概念。而且这个又回到我们的人类学里面,而且是特别的文化。其概念是一个文化手段,很多人可以拿产权玩,所以才有我现在的这个问题。

我也回到海洋老师的自治问题,就是怎么去治理这件事。在刚才上面讲到怎么样治理的问题,其实就涉及这个。资本专业性就是改变这个治理的问题,它是自发地寻求要政府和企业去参与治理。石油输出国组织(OPEC)就是这样一个例子,他们是自发要求的,不是反过来要自由市场的这种治理形态。我们要自由的市场形态,因为大家的关注点不同,海洋老师的这个问题是最复杂的问题。我不知道是不是会涉及,我觉得是这样。因为我的骨子里是特别动力学的一个人。这个不好意思跟大家说,因为在人类学这方面讲动力学就觉得不合适。但实际上我们可以慢慢想,我们民族的问题,如果你找民族的本地形态,做人类学的都知道,不管是中国哪个地方,你去看看中国偏原生的族群形态是什么样子?其实都是极为多样性的形态。大家想为什么?我们现在为什么有?我们叫作经济的全球化,民族我不敢说是全球化,但是它是一个类似的越来越标准化的东西。就算你打着苗族的名称,但是你比汉族还汉族,比国家还国家,或者比标准还标准。我刚才讲这个,其实多样性是在丧失,自治权也在丧失,这个是大家看得见的东西,而且这些东西的丧失不要以为是因为国家的存在。像经济全球化一样就理解为是因为美国和资本主义经济的存在才有这些结果,表面上好像是这样,其实骨子里不是这样。这个是需要研究的一个问题。为什么?所以2004年UNDP人类发展报告,其主题是:多样性世界里的文化自由。阿马蒂亚·森也是诺贝尔经济学奖获得者,大家可能都知道,他有翻译过来的一本书叫《以自由看待发展》,他特别强调文化自由的概念。文化自由的概念就是人权的概念,是什么人权的概念?我个人的理解就是一群人的人权的概念。我们现在没有一群人的人权,每一群人的文化自由没有,其结果就是文化趋同。你谈自治在形式上是可以,但是骨子里还是趋同。就算你自治,但是在文化上你还是趋同。这后面为什么会产生这样的问题,潘老师肯定会说是道德的问题,我同意,但是即便我们讨论道德多一点,加一点动力学的思考,你会把道德问题为什么会这样子会谈得更清楚。但是,这是另外一个题目。还有一个很重要,我不知道这个和我刚才讲的有没有关系。

潘蛟:时间已经差不多,今天的讲演就到这里,谢谢张老师。

草原环境与牧区社会

主讲人:王晓毅(中国社会科学院社会研究所研究员)

主持人:潘蛟(中央民族大学民族学与社会学学院教授)

我刚来的时候,潘老师问我怎么想到跑去草原上了。我现在借这个机会也给大家交代一下。其实我跑到草原上有一些偶然的因素,也有一些必然的因素。所谓必然的因素,我一直觉得我不是所谓的研究者,我觉得自己是一个学生。为什么是学生?对于我来讲,如果一个地方我不明白,我对这个地方感觉很新鲜,我想去看看这个地方到底是一个怎么样的情况,我会去研究这个问题。就像有的人说的,假如你进入一个平台,你再往后深入地研究你就会觉得很累。算了,我们就换个地方。我最早是在 2005 年或者 2006 年的时候到内蒙古去的。我到内蒙古去以后,我就接触到一些草原的问题,或者草原或者牧区的问题。那个时候对于我来说,草原和牧区完全是一个陌生的地方。

我给大家讲一个故事。我在去草原的时候,我找到一个我做项目认识的朋友,我说我想做一点草原牧区的调查,你帮我介绍一下。那个朋友就问我说,你是要去嘎查还是要去村子,当时我就懵了。现在知道了,所谓"嘎查"就是蒙古语村子的意思,嘎查就是指牧区村子,或者是农区、半农半牧区的村子。当时就想嘎查和村子有什么区别吗?不就一个是蒙古语一个是汉语吗?其实不然,嘎查和村子是一个行政级别,但是翻译起来背后有完全不一样的含义。那个时候我对那个地方完全不熟悉,一脑门子钻进村子里面问东问西。我记得有一次我去牧区的时候,因为不会蒙语,所以就约了内蒙古社科院的一个朋友和我一起去。我们跑了一段时间以后,他烦了。他说他不想跟我跑了,他让我回去看点书。他说我老问东问西的,而且问一些 ABC 的问题。但是对于我来讲,这里完全是一个陌生的环境和陌生的话题。在牧区调查的时候,最痛苦的是前两三天。为什么?你根本不知道你问什么。在我们传统的想象中,我们在做一个村庄调查之前,我先要有一个假设,我是读了很多的书和文献,我在书和文献中提几个问题,然后我就想去做调查。但是当时我完全不明白到底发生了什么,我也不知道我在那里待上一个月或者两个月,然后那里的故事能够告诉我什么。所以今天来讲的话,很多东西不是书上的东西,而是我在村子里跑下来以后,那个村子故事呈现给我。

我当时进入草原也是偶然。大家知道我们读社会学的时候没有多少老师教我们,我们学到一些东西就跑到社科院去研究点农村问题。我们到了农村以后,我们的老先生也不管我们,他们只是让我们去下乡。在哪里下乡呢?先把我安排在温州,后安排在东莞,再后来又安排在山东,这样我换来换去十多年,所以有的老师说我搞的东西乱七八糟,什么都有。比如我的研究涉及农村的婚姻问题、家族企业问题、民间金融问题等,后来较长一段时间我就在西部做和扶贫与环境有关的问题。正好这个时候有一个项目是关于草原方面的,我就去了。做到现在我回过头去看,我说我是歪打正着。我从来没有想到草原对我们有那么大的意义,我一直觉得对于我们大多数的人来讲,草原是距离我们非常远的一个东西,它不在我们的视野里面。为什么?因为这种远很大程度上不是一种地域的距离,而是一种文化或者社会的距离。比如我们大家知道,传统上说北京人最喜欢吃涮羊肉,而涮羊肉一定是锡林郭勒地区的羊。这些其实与传统有密切的关系,只是它在我们的视野之外,我们没有关注,我们从来没想过这些与我们日常的生活会有什么样的关系。

那么,到什么时候草原才进入我们的主流视野中呢?就是上世纪90年代末代沙尘暴出现的时候。我们最初关注草原不是关注草原牧民的生活和牲畜,我们真正关注的是草原的沙子怎么样能不刮到我们这个地方。所以我们最早的一个有关草原的项目不是叫保护草原,也不叫退牧还草,也不是我们搞的草原奖补政策,而是“京津风沙源项目”,即为了保护北京和天津,我们要把周边的沙尘暴止住,要把沙子止住,所以我才设计这么一个项目。但是现在,我们发现草原区对我们有这么大的意义,而且我们发现,我们从来没有真正去关注过它。好多人批评我们的政府对保护草原的关注力度不够,我们这么多年植树造林,但森林只占到中国国土面积的20%。我们当年给它设一个林业部,后来设立一个总部级别的林业局,相当于我们现在的副部级。这几年林业虽然是一个总部级别的单位,但是它其实很有钱,林业项目很多。但是草原是什么?草原是在农业部畜牧兽医司下面的一个草原处,一直到前几年,草原问题确实严重了,我们就在农业部下面设了一个司局级的事业单位,叫作草原监理中心。实际上,草原是整个中国陆地的重要系统,它占到陆地面积的40%多,而且这个草原我们过去不关注。为什么?因为过去草场比较好,对我们没什么影响,他们的牲畜在上面放牧就可以,最多这个地方很冷很高,我们可以不去。但是最近这几年,我们发现在中国的整体环境中,草原变得特别的重要。

草原的分布地点非常重要。在中国我们一般会讲有几个大的草原,我们讲有六大草原,但实际可以分为三大草原。一个是北方地区所谓干旱和半干旱地带的草原,从内蒙古东部延伸到宁夏再到新疆,这一大片的北方草原,这一块就是中国的干旱和半干旱的地方,而且中国的沙漠也大部分分布在这个地带。在中国的这一地区,它的环境也是比较脆弱。正因为它比较的脆弱,所以它的好与坏对整个中国内陆的影响非常大。另外一块就是青藏高原和环青藏高原的这一带,就是从新疆的南部延伸到青海,一直延续到四川和云南这一片。大家知道青藏高原一直被称为“中国的水塔”,这一地区不仅是中国几大河流的发源地,而且也是亚洲几大河流的发源地。这个地区的整个生态环境对中国甚至对东南亚都有很重要的意义。第三个地方就是我们一般所说的南方草原。南方草原和这两个草原是没法比的,因为南方草原其实就是丘陵,分布很零散。恰恰是这两个草原在近几年经历着特别巨大的变化。它的巨大变化在哪儿?一个是生态的变化。我们讲一个官方的说法,就是我们有90%左右的草原都处于退化的状态。在这样退化的状态下,我们从2000年开始进行了大规模的草原保护。现在官方的结论是说我们局部好转,整体退化的这种趋势是没有变化的,现在仍然是这种趋势。什么叫“局部好转,整体退化”?就是哪里做了工程项目,我就在哪里封草、在哪里种草、在哪里灌溉、哪里就好了,但是整体仍然处于退化的状态。几个大的沙漠仍然在扩大,包括我们腾格里沙漠的扩大。比如我们西部的地区,比如我们去的有的县区,那里的沙漠都在不断地扩大,所以整个草原都是处于退化的状态。即使像青藏高原这样的高山草甸,过去我们大家从来不会关注它会不会退化,但是现在发现问题也比较严重。

青海的玛多县过去的牲畜很多,现在是减少很多,但是沙漠化仍然很严重。这里是我们黄河的源头,包括整个三江源地区,都面临严重的暑旱和黑土滩。到现在为止,我没有看到很好的科学解释,不知为什么一块草原本来很好可就是出现了草死亡,就是变为黑土滩。现在我们采取的很多措施就是想恢复这个草原,想保护这个草原,但是一直没有找到一个有效的办法。我们一直认为鼠兔和老鼠是破坏草原的最主要的原因,所以很多地方进行了大规模的灭鼠活动,但是你会发现在灭鼠以后,其实基本上没有效果。我以前在三江源访问了一个村子叫乐驰村,那个村子的环境破坏得很厉害,草原变成黑土滩后我去问牧民,牧民说政府搞了很多次治鼠活动,但是他们观察发现没有效果。比如药撒下去以后,对老鼠基本上没有作用。他给我讲了一个笑话,就是有一次他抓到一个老鼠,而且也给老鼠灌了药,但是等他把手一松,老鼠就跑了。后来我去青海省里面的农牧厅问这个事情,农牧厅的人就给我解释说他们的药设计的时候就是不让这个老鼠当场死亡,是让老鼠回到窝里面去传染给其他的老鼠,让老鼠一窝窝地死亡,这是看不见的。但是牧民说他们跑遍整个草场,没有看到一只老鼠的尸体。你说要一窝一窝地毒老鼠,这个老鼠跑了可以理解,但是总可以看到老鼠的尸体吧!包括牧民还讲,他说他也观察,这药对老鼠不起作用,但是对喜马拉雅鼠兔是起作用的。这些鼠兔长得既像老鼠又像兔子,它们也可以在地上打洞。牧民说它们可以看到撒药以后鼠兔确实大量死亡,但是麻烦在哪儿?因为药每次不可能把鼠兔都杀干净,鼠兔的繁殖能力特别强。撒药以后一个月鼠兔的数量会大量的减少,可是一个月后它们的数量又差不多。而且还有一个麻烦,就是鼠兔吃药以后,鼠兔变得更有抗药性。药物防治不起作用,大家就想到物理防治。我们在青藏高原可以看到好多的招鹰架,就是在一个木桩子上树立一个横木。

对于这个,各个方面的意见也不一样。有的说这个招鹰架根本不起作用,我们历史上就是大草原,也根本没有招鹰架,历史上我们就一直有鹰。现在你看我们有几个招鹰架,但是没有真正招到鹰。也有人说这个确实起到作用,他们看到过鹰,并且在招鹰架上做了窝。鹰在高的地方可以观察到兔子和老鼠,这样方便鹰抓老鼠和兔子。鹰也许可以起作用,也许不起作用。不管怎么样,即使能起作用,它的作用也是很小,因为鹰的数量很少。包括我们在内蒙古搞的这种大规模的休牧、禁牧,其实它们的作用也是很有限的。在这种情况下,到现在为止我们仍然没有找到一个有效的方法。我们从草原的这种变化看,草原一般是牧区,而这个牧区又是少数民族聚居的地区,在北方草原基本上都是蒙古族和哈萨克族,在南方基本上是以藏族为主。这些民族经历了这样一个特别快的社会变化,而且这些社会变化在有些地方和我们的内陆一些汉族村落变化是相似的,但同时有一些其他的特点。

第一,汉族地区从所谓的包产到户发展到现在,是一个很自然的过程。我们包产到户以后,我们的农民有了积极性,因为我们的农民在历史上都非常熟悉这种单独到户的小农经营。1958 年我们实行人民公社,到了 20 世纪 80 年代后,人民公社解体,农民又恢复到一家一户的经营之中。这个农民非常的熟悉,非常欢迎。在草原牧区,80 年代我们也是把牲畜承包到户,到了 90 年代我们也彻底地把草场承包到户。但是草原牧区,牧民很少有这种单家独户的生产模式。他们在历史上是一群人的所谓氏族,或者这种小集体的常态生活模式。单家独户这种方式,牧民觉得这是一种新鲜的东西。

第二,牧民对包产到户还没有适应,接下来又有一个快速的变化,就是城镇化和工业化。到目前为止,我们的城市化和工业化,我们对教育的拉动,甚至强制实施的所谓的生态移民,都是让很多的牧民从他们生活的牧区搬迁到城市里面去。从表面来看,这个过程和我们农村的务工外出转移很相似。因为我们一直讲,在农区有"3861"和"99",即所谓农村的空心化越来越严重,青年农民大量地涌入城市。在牧区,你会发现这种过程同样存在。但是不同的在哪儿?在我们的农区,他们出去以后可以很快地适应城市的生活,他们进入一个所谓乡镇企业或者现代工业这样一个体系当中。但是对牧区来讲,很多人出去以后根本没有进入这样一个体系。

为什么没有进入这样一个体系?有两个原因。一个是牧区人传统的生活方式、生产方式和文化方式与现代工业很难适应。所以有很多人在抱怨:我们在牧区搞了那么多的企业、那么多的采矿业,但是我们根本找不到当地的工人,都是从其他的地方找来的。另外一个更重要原因是,在牧区开发的过程中,大家知道大部分在西部,它的结构和东南沿海是完全不一样的:东南沿海基本发展劳动密集型的产业,在开始发展时候,它需要很多很多的人;而现在西部基本是一个采矿业为主,加上一个重化工企业这样一个所谓的第二产业,这样一个产业很难吸收当地人就业。我们曾经算过,每万元产值所带动的就业在西部地区远远地低于东部地区。比如我们最富裕的如广东和浙江,它们很少的投资就可以解决一个人的就业;但是在西部地区,大量的投资却没有解决当地人的就业。我们发现,在这样的情况下越来越多的牧民进入城市的同时,有另外一批人进入草原,像腾笼换鸟一样。因为牧区的人走了,这里就是空的。但是我们发现没有空下来,另外一批人慢慢地进入牧区中。

这是什么人?就是所谓的外来投资者。越来越多的投资者,比如农业企业和工业企业进入牧区,导致了很多问题,这个我们会在后面提到。这几年我们一直提到要保护草原,其中的口号就是"破坏一小片,保护一大片"。怎么"破坏一小片,保护一大片"?一个就是要开矿。这样就可以增加收入并就解决好多人的就业,可以使得很多人不在草原上放牧。这就是"破坏一小片,保护一大片"。现在有更多的证据表明,现在不是破坏一小片,有人计算过,在锡林郭勒有 50% 的草原已经被开发成煤矿。第二个更没有保护一大片。除了采矿业以外,还有一个是越来越多的农业开发。上世纪 60 年代我们有一个政策,就是"牧区不吃亏欠粮"。那次开发基本上是失败的。为什么?因为没办法开发,因为一个是整体积温不足,另一个就是降雨不足。有些地方开发了几年以后就荒废掉了,到现在还能看到 60 年代开发过的地区植被还没有完全恢复过来。

但是这次不一样。这次为什么不一样?这次的农业开发带着两个东西。一个就是我们现在一直谈论的气候变化,在内蒙古许多不适合发展农业的地区,你明显地感觉气温在升高,积温在增加。再加上一些新的作物品种,它对气温的要求低一点,它的积温问题得到了解决。第二就是我们在加大地下水的使用,把原来的所谓的干旱问题解决了。我给大家讲一个故事,原来我在兴安盟的扎赉特旗调查,它有一个全旗的大的夏季牧场,每到夏天大家都把自己的牲畜赶到那里放牧。承包到户以后,大家都不愿意远距离地游牧,这个夏季牧场没人去。没人去了怎么办?过了段时间后,政府就说荒着也是荒着,不如承包给东北的人算了,于是就承包给东北人。所以等到我们去的时候,这样大的一个夏季草场完全变成了农田。你去看的话,就像东北的黑土地一样,规模非常壮观。当时他们给我讲这是一个领导还是什么人的夫人承包的。这一亩可以赚到一千块,有一万亩,大概一年的话可以赚到一千万的收入。等到后来牧民发现自己的草原退化了,自己的草原不够的时候,他们想去恢复自己的夏季牧场的时候,他们发现这已经不可能了。所以在我们传统的牧区,有一个快速的社会变化过程,从原来这样一个集体的、共有的牧区社会逐渐到分户经营,又很快地就进入城市化,接着又有外来的投资者从事农业,从事采矿业,这样就给牧区带来很大的变化,这种变化远远快于我们内地整个农村的变化。在这种快速变化的过程当中,我们发现出了问题。

现在,国家民委找我们想关注一个问题。关注什么?大家知道藏区的问题很严重,就是一直不稳定,维稳工作成为一个很重要的问题。那么新疆的问题,特别是南疆的问题也是比较多的。他们说我们从来没有去想内蒙古会不会出现民族问题。在历史上,大家都知道内蒙古从清朝就是在中央政权的管理之下,他们对中国这种认同感是非常强的,他们觉得内蒙古这个地区不会出现民族问题。但是现在出现越来越多的问题,他们就开始想内蒙古会不会出问题。我们就扯这件事,我就给了一个特别理论化的说法。我说内蒙古要出问题的话,不是民族问题,而是生态问题,是草原问题。如果要解决内蒙古的问题,不是把它作为一个民族问题来解决,而是如何在内蒙古真正建立一个生态文明。所以现在在少数民族地区,少数民族的文化问题,很大程度上是与生态问题联系在一起的。

大家知道,现在在草原牧区冲突最大的就是采矿的问题,采矿问题的背后有非常复杂的文化的、社会的、经济的原因。比如说,它首先是一个文化问题。我去访问了几个藏民,我们就跟他们讲,这个地好,有很多的矿产,是非常值钱和重要的。但是藏民就说,那你肚子里面的五脏六腑是不是也很重要,我们是不是也可以采出来。他们说他们知道很多矿产在哪里。现在有一个很有意思的现象,就是很多藏民认为神山里面都有矿产。其实藏民在长期的生存活动过程中,他们已经知道矿产在哪里。甚至有人开玩笑,现在很多的探矿队他们跑到青藏高原地区去探矿,首先他们不是用技术仪器跑去探测哪里有矿产,而是先到当地问老百姓他们哪里有神山,因为神山里面有矿产的概率非常高。但是藏民就觉得这个矿藏其实就是神山自己的宝藏,而不是拿出来让人们用的,所以很多地方就发生冲突。

我们在青海,当时是 8 月份。我们正好看到采矿工人进矿,当地有两千多名老百姓在那里堵着不让他们去采矿。当地的老百姓挂着一个习总书记的像,像下面有一个横幅上面写着“建设生态文明”。其实这里面有一个文化冲突的问题。大家知道在云南非常有名的就是梅里雪山所在的德钦县,当地的一些藏族知识精英,他们搞了一个民间的文化社,他们做的东西是什么?第一就是怎样在当地藏区的村庄里面普及藏语,第二就是恢复藏族文化,比如跳锅庄舞和热巴舞。我就问他们:这个背后的原因是什么,你们为什么要做这个东西。他们的一个理论就是,现在的经济发展不是一个很大的问题,每个人都有追求好的生活的权利,只要你的制度放开了,自然的就会有经济发展。但对于他们来说,更重要是在发展的过程中他们怎样来保持一个更平和的内心,保护藏族的传统文化。

其实我在进入草原之前没有思考太多,也没有读过关于草原的书,只不过后来有很多问题是从这些乡村里面看到的。今天我讲的第一个故事就是离我们最近的克什克腾旗。这个地方确实是离我们北京很近,我们开车过去,如果不堵车的话就八九个小时,大概是700多公里。克什克腾旗有个非常漂亮的草原,叫作贡格尔草原,正好在达里湖旁边,是一个天鹅飞过的地方,它是非常美丽开阔的地方。

贡格尔草原在历史上很美,我们在贡格尔草原这里做了一些调查。调查从最简单的问题开始。第一,草原是不是退化了?第二,草原为什么退化?结论非常简单,我们的草原确实是在退化。老百姓给了我们很多的形象化的说法。比方说他们传统上有一块打草场,打草场他们夏天是不去放牧的,然后留着冬季的时候去打草。但是这几年的草越来越矮,打草越来越难。开始用机器打草,后来用镰刀打草,再后来连刀子打草都打不下来了,这块草场只能放弃,打不下草只能让牲畜去吃。他们经常说以前草有多么高,现在是多么不好,其实就是草原在退化。那是什么原因?这里有两个解说。一个就是我们官方的解说,即草原退化最主要原因就是过牧。从上世纪80年代起,一个流行的而且比较被接受的说法就是,我们把原来的集体的牲畜承包到户,牲畜是自己的,但是草原没有分下去。典型的就像哈定《公地的悲剧》所说的那样,我们每家都有一群羊,但是草原是公共的。所有的牲畜都去吃公家的草,谁家的牲畜越多就意味着谁家的牲畜越吃得多。这样就刺激牧民不断地增加牲畜的数量,最后就是牲畜的总量增加了,而草原的面积没有变化,这就是过牧,就导致草原退化。我去问老百姓是不是这个情况,他们说草原的退化与牲畜的数量没有绝对的关系。为什么？他们说如果降水比较好的话，其实牲畜吃过草还是会重新长出来。如果没有雨水，不管你怎样减少牲畜的数量，其实草原仍然在变化。所以草原退化的原因和降雨有很大的关系，这和我们新的草原生态学很像，其实它们说牧草的产量就是降雨的函数。即雨下得好，草原自然就好。如果降雨不好，草原自然就不好。这个理论在草原牧区是被接受的，而且现在有越来越多的人以这个为理由，说我们以前的政策不对，即所谓的均衡系统与非均衡系统之争。这就是发生在这里的故事。

再谈谈所谓的气候变化。现在的气候变化研究最喜欢用的曲线图，降雨是多少、温度是多少，而总变化是什么。你会发现，一个是气温确实是在逐渐地升高，它是有变动的。而降雨波动不是特别明显。我们在访问的时候，牧民说在过去的十年越来越干旱。我们觉得这个就有意思了，如果降雨是波动，气温也是波动，为什么牧民的感觉是线性的？为什么感觉越来越干旱？我们在村子里面做调查，我们从一个所谓的环境因素回归到所谓的社会因素。这个村庄在过去发生了三次最重大的变迁，我想说的是这个变迁到底带来怎样的影响。第一个变迁就是定居。传统上这里是一个游牧社会，牧民一般意义上是从冬季草场到夏季草场，从春秋草场到冬季草场，他们是一个游牧的状态。从上世纪 70 年代后期，牧民就开始慢慢建房子，到 80 年代也是建房，到了 90 年代政府出台了一些补贴政策，这样房子就越来越多。这些房子都建在哪里？基本上都是建在春秋草场上。到了我们去的那一年，这个村子只有六户人家还没有房子，他们仍然住在蒙古包里面。定居以后产生什么影响？一个最主要的影响就是传统的那种游动变得无法持续。为什么？不仅仅是自然的因素，更有社会的因素。我们讲到牧民传统上有三块草场，大家可以看到这个，在最上面的叫春秋草场，中间靠近河边的是夏季草场，最下面是冬季草场。它们的距离是非常远的，从春秋草场到冬季草场，我开车过去大概是两个多小时，有几十公里。现在他们基本上是定居的，他们建房子一般都是建在春秋草场上。这三块草场在历史上起的作用是不一样的。他们为什么喜欢把房子建在春秋草场？因为那里的地势非常平坦，靠近公路，而且政府通电也在那里。现在牧民有了电视和冰箱，他们需要在一个交通比较便利的地方来定居。冬季草场是什么？它们是在沙地里面，大家想象的话，想到沙地一定是一个很荒凉的地方。但是你进入内蒙古你会发现沙地是个好地方,沙地甚至比草原还好。

我们知道在内蒙古有几个大的沙漠,比如腾格里沙漠,你进去以后基本是流动沙丘,没有什么植被。沙地不是沙漠,那是什么概念?在内蒙古有三块最著名的沙地,从东边到西边,最东边就是科尔沁沙地,中间是浑善达克沙地,再往西就是毛乌素沙地。这几块其实都是内蒙古比较富裕的地区。为什么?第一,沙地本身的地下水位比较高。第二,沙地的植被非常丰富,我们在草原上很少看到树,因为沙丘土层太薄,在沙地里面可以看到很多非常漂亮的灌木和乔木,像榆树、柳树都可以看到。第三,沙地里面也有沙丘,但多数是比较固定的,它会形成很多避风的地方。现在有些人回忆起来当时分地的时候,有些聪明的牧民就特别喜欢沙地。而他们的冬季草场恰恰就在东边的浑善达克沙地上。我们开着车进入沙地里面,这个沙地确实很漂亮,比草场里面的草都长得更高。所以在冬季的时候,人们非常喜欢把牲畜放在沙地里面,既避风、暖和,草又长得好,那牲畜就可以待很长的时间。然后就转到春秋草场,到了夏季的时候,就可以转到夏季草场。为什么转到夏季草场?因为夏季草场正好在两条河的边上,这两条河叫作贡格尔河和沙岭河,原来这两条河是有水的,夏季可以为牲畜提供饮水。但是定居以后,特别是草场承包和牲畜承包以后就出现问题了。

首先,他们的冬季草场不去了。为什么?开始是每家每户的牲畜数量都少,原来游牧的话可以直接赶着牲畜去放牧,现在大家在春秋草场建房子,家里面得有人留守。大家也觉得一个人放着那么几头牲畜不值得,就不去了。可是你会发现,你不去别人就去。周边的村庄就说你们不去,我们夏季去就放牧。所以其他村子的人就把自己的牲畜赶到冬季草场上去放牧。这个村子有一个特别明确的规定:冬季草场在夏季的时候不允许进任何牲畜,因为要保留这些草冬季用。但是现在,冬季草场在夏季有旁的人去放牧,等他们进去的时候,草场里面的草已经被吃完,他们已经不能放牧,所以大家也就慢慢地不去冬季草场放牧。当我们去调查的时候,这个村子只有住着蒙古包的六户在冬季还去放牧,其他的人都不去。定居以后,传统的游牧方式已经发生了变化,冬季草场去得少了,夏季草场也慢慢去得少了。为什么夏季草场也去得少?除了我们刚才讲的牲畜规模的原因,还有一个原因就是那两条河。以前这两条河是夏季牲畜很重要的饮水保障,因为现在在河水的上游开发了两个工程,有一个是这个县最重要的经济来源,叫作黄冈梁铁矿,这个工程的开发使得贡格尔河的水不是很稳定,有时有水,有时没有水。这个时候你就会发现,好不容易把牲畜赶到河边,但是河里面没水,牧民只好把牲畜赶回去。所以夏季草场也用得越来越少,因为大量的牲畜集中在春秋草场上去了。如果原来我们只是为了春秋这两个季节而去春秋草场,现在要供应整个四季牲畜的放牧,如果不出现牲畜过牧,如果不出现草场退化,这怎么可能?但是我们反过头来看,这种局部的过牧是因为社会制度变迁造成的?还是由于牲畜的增加造成的?还是由于气候变化造成的?我们关注的是整个制度的变迁而导致的局部的过牧。

其次,对这个地方影响最大的是草原承包和围封政策。像刚才我们讲的,如果我们把草场承包到户,你的牲畜就吃你自己家里面的草,我们就自然而然地认为我就在我的家里面保持了草的平衡,而且能够保护草原的可持续发展。但事实上当草原承包以后,出现了完全不一样的结果。出现了什么样的结果?在开始承包的时候,那个承包和我们的农田一样,每家一块。但是牲畜是流动的,如果没有围栏,承包是很难保障的,因为我们的牲畜会自然地跑到邻居的草场,邻居家的牲畜也会跑到我们的草场来,所以就出现了围栏。政府想象中的围栏是每家每户一块草场,你把你们家的牲畜放在自己的草场,你们家的牲畜只吃你们家的草,当你这个草不够的时候,你就会想到是不是要减少一些牲畜,如果今年草场退化,明年怎么办?为了自己长期的发展,牧民会考虑要怎样保护好自己的草原。但是在这个村子就很奇怪,他们不是按照这个逻辑走的。他们现实中的逻辑与我们想象的逻辑完全不一样。怎么不一样?比如在我访问的这个村子,第一个把草场围起来的是谁呢?是他们村里的书记。他们全村一个很大的草场,大家把牲畜都散放在这里面,有的人牲畜多,有的人牲畜比较少。草场的草越来越不够,于是他们的书记就找到县农牧局说,你能不能给我一些网围栏,我想把我的草场围起来。当时的政策是支持牧民围栏圈养,所以农牧局的人说当然可以。书记把自己的草场围起来以后,别人的牲畜都不能进入到他的草场,包括他自己的牲畜。他围起自己的草场不让别人的牲畜去吃草,还把自己家的牲畜赶到围栏的外面吃别人家的草。等把外面的草都吃完后,他再把他自己家的牲畜放到围栏里面放牧。邻居看到了,也纷纷把自己的草场围起来不让别人家的牲畜进去,就这样一家一户就都把草场围起来。等到我去访问的时候,我问他们围起来的越来越多,那你们到哪里去放牧?他们说第一个到井边放,井是全村公共的,在井边有很多的草地。第二就是公路边,第三个就是村里面还有几个贫困户,他们的牲畜少,他们不关心自己的草原,而且他们也没有关系去找围栏,他们的草场没有围起来,我们都跑到他们的草场去放牧。有一个牧民特别实在,他说我们的书记真是太自私了,他把自己家的草场围起来而跑到别人家牧场去放牧。你看我,虽然我也围起来了,但是我只围起来一半。我们没有听明白,我就问你为什么只围起来一半?他就说我的牲畜和大家的牲畜都不能进我的一半的草场,但是我还留着一半给大家放牧,至少我的牲畜放在外面是有道理的。

最后,我们发现,一个草原承包后,也就是一个个体去保护自己的草场的时候,这个逻辑发生了改变,结果是我们把这些草场放在了我们没办法保护的地方。草原退化主要是出现在什么地方?就是公共地方。越是公共的东西就越是退化得厉害。围起来后,现在草原变成了一家一户的,大家都是在春秋草场放牧,夏季草场起的作用越来越小。春秋草场在严重退化,传统的打草场没办法用,这样就有一个新的东西进来了,这就是牧草的交易。牧民现在越来越多地依靠牧草的交易来维持生计,进入一个所谓的市场经济。市场经济对这个地方有什么影响?我们知道整体的影响当然是好的。因为畜产品特别是牛羊的供应越来越少,所以它们的价格越来越高,尤其在科尔沁这个地方。有的人说克什克腾旗是北京的后花园,每年吸引大量北京游客到这个地方游玩,如果在夏天去的话根本就找不到住的地方。为什么?一是这个草原特别的漂亮,二是有所谓的地质公园,三是有非常好的温泉,当年康熙打完仗就是去那里休息。市场经济使得当地的畜产品的价格非常高。以前一只羊七八百就已经很高,但是前几年,尤其是夏天一只羊要卖到两千块钱。畜产品的价格升高以后,牧民是不是得到实惠?我们看到有很多的牧民其实没有得到实惠。

随着草原的整体退化,牧草交易在这个地方就变得越来越重要。尤其在遇到灾害的时候,牧民要买大量的牧草。一方面,牧民要卖掉畜产品,另一方面,他的生产成本也在成倍地增加。还有一个问题就是当市场经济进入以后,他们整个的生产逻辑都发生了改变。原有的互惠经济,现在变化为一种市场经济。什么意思？大家知道在草原牧区灾害是经常的发生的，特别是这几年整个草原退化以后，草原抵抗灾害的能力越来越弱。比如说雪灾，大家知道雪灾发生后牲畜是很少被冻死的，大多数情况是被饿死的。过去草比较高，下一点雪不会形成雪灾；这两年草越来越矮，下一点雪就会形成雪灾。当出现灾害的时候，在过去牧民会走“奥特”。走“奥特”是什么？就是一个地方出现灾害，你可以把牲畜赶到一个没有受灾的地方。互惠的经济的核心内容就是在你受灾的时候，社会可以给你提供一种免费的支持。但是现在，你能采取的办法就是市场形式的办法：第一就是卖掉牲畜，第二就是买草。过去你受灾，别人会无偿地来支持你；但是现在你如果受灾了，别人就逮到机会，非要压榨一把。比如牧民普遍反映，一旦一个地方受灾，这个地方的贩子们在收购他们的牲畜时马上就会压价。为什么？因为牧民没有谈判的资本。不受灾的时候，牧民可以跟商贩谈判一下，因为我卖不卖都可以，我可以等一等，等到价格好的时候我再卖，牧民是有选择的。但是在受灾的时候，一定会出现很多的牲畜要卖，所以贩子们就过去压价。你越受灾，你越出售牲畜，牲畜的价格就越低。反过来讲，你越受灾，你越需要牧草，这时牧草价格就越高。当然大家可能要问，牧民为什么不直接进入市场？其实在这个地方牧民作了很多的努力想直接进入市场，后来他们发现根本进入不了市场。他们曾经试图把村里的牛收拉上一车去市场上，他们直接与那些收购牛的去交易，但是他们发现整个市场对他们是排斥的，没有人愿意和他们真正地做交易，没有人真正地与他们谈价格。他们只好把牛又赶回村子，把牛卖给了贩子。当我们作了这样的分析时候，其实这个地方经过了所谓的定居，经过了所谓的草原承包，经过了这种市场化的洗礼，但他们在应对这种自然和社会灾害的时候，他们的能力变得越来越弱，他们所能选择的实用工具越来越少。

从传统来讲，赊账对牧民不是新鲜的东西，在历史上他们就是这样。他们很少存钱，他们的生活用品都是赊来的。比如我要吃米、吃面、喝酒，我就去商店赊账，先记到账上，等到我卖牲畜的时候再还上去。但是，如果欠的账越来越多就出现了一个问题，就是好多人还不起。还不起账的人就和借给他们账的人之间开始重新签署合同。比如你从我这里拿走了一百斤的米，你就还我一百斤米的钱。我给你三个月的免利息期，一旦三个月过去你还不上，我就开始跟你要利息，这样利息就变得越来越高，牧民就迅速地陷入了贫困。

对于这样一些现象怎样去解决?现在我们可能会提供这样几个政策选择,但你会发现这些政策很难有效地解决问题。随着草原的退化,购买牧草的成本越来越高,结果是增产不增收。他们卖掉的牲畜数量在增加,但是直接的收入不是在增加,有的甚至是负债。怎么解决这个问题?他们想到一个办法就是去种植。在这个村子里面,他们开了很大的一块地,我去的时候他们告诉我,他们想去水利局争取40万的水利配套资金,通过打井来种植玉米和青薯,把玉米以比较便宜的价格卖给牧民,以此来维持牧民的畜牧业的损失。

每年秋季的时候,牧民特别纠结:今年是多买点牧草还是少买点牧草,如果多买点牧草,假如今年不下雪,那多买就浪费了;如果不多买牧草,一旦下雪了,牧草的价格就很高,他们要赔很多的钱。如果种的青薯和玉米能高于两毛钱卖出去,他们的畜牧经济生活就能维持。但是所有的种植业依靠天然的降雨是不能维持的,一定是依靠地下水,而内蒙古的干旱和半干旱的地区最缺的资源就是地下水。其实这个地方草原的整体退化,不仅仅是因为降雨不足或牲畜局部的过牧,还有一个很大的原因就是地下水位的下降。这个地方的牧民给我讲了一个道理,他说我们的这个草原之所以变得越来越退化,是因为地下水位的下降,比如过去我们的地下水位是这么高,每次下雨以后湿土层就会与地下水位有一定的对接,这样即使有一个月不下雨,地下湿土层还可以往上蒸发;但是现在地下水位下降,下雨后湿土层和地下湿土层中间永远有一个干土层,这个使草原的抗旱能力减弱很多,比如过去一个月不下雨也许能顶得住,但是现在半个月不下雨就完了。

我问为什么地下水位下降得这么厉害?牧民说很重要的一个原因就是上游有个大唐公司在这里搞一个煤转油,大量抽取地下水。我们稍微扯得远一点,在内蒙古下一步的发展当中,地下水将会成为一个矛盾的焦点。为什么?因为整个内蒙古的发展基本上依靠地下水,而地下水是这个地方最紧缺的资源。我在这边跑了几个地方,几乎没有一个地方不是因为地下水而引起矛盾的。比如最东部在整个内蒙古是降水比较丰富的地方,降水量能达到三四百毫米的样子。按理说这个地方应该水源比较丰富,但是我在调查中发现,周边的牧民和当地的煤矿发生很大的冲突。因为什么?因为地下水。

你远远地看去,你根本就不知道它是一个煤矿,它的技术非常现代化,就是直接从坑口挖煤,挖上来后就直接在坑口燃烧,燃煤转化成油后,废渣直接填充回去。如果你从外面看的话,没有我们看到的那种很大的烟,但是它最大的一个问题就是耗费地下水。我去那个村子找书记,找了很久才找到,问他干什么去了?他说公司弄得他们的水井都没有水了,一生气就去拉闸,让他们抽不上来水。调研时我们去了一个村子,就是随便地去看一下,我们发现这个村子的老百姓特别热情地请我们去他们的会议室。这使我们受宠若惊,为什么老百姓这么热情,原来他们是向我们哭诉。他们说以前他们这个村子地下水非常丰富,甚至在有些地方水可以自流。现在我们的庄稼完全长不出来,我们已经上访了多次。大家知道,在 2008 年的经济危机之前,石油的价格在上涨,当时达到了 150 多美元一桶。作为战略储备,政府说我们中国的石油储备不足,我们要在西部开发一个煤转油的工程,因为我们西部资源比较丰富。所以就在鄂尔多斯搞一个这样的工程,这个工程的出油口就在这个村子。

接着我们再说,这样依靠种植业来维持畜牧业的做法到底有没有可持续性?这是非常值得我们关注的一个问题。我们一直在做的另一件事,就是搞牧民的生态转移,把草原的牧民转移出去,从而把草原的牲畜减下来,以这样方式试图来保护草原的生态平衡。但是在很多地方,移民之后牲畜的数量还是没有减少。我记得在 8 月份,我去沱沱河比较高的一块草原牧区去看,这个地方确实实现移民。政府在格尔木的边上建了一个移民新村,把沱沱河的牧民移民搬到这里。后来发现这些藏族和我们一样也怕上高的地方,他们在海拔 4500 多米的地方生活很多年,不觉得有什么难受,但是他们到了海拔 2800 多米的地方住上两三年的时间以后,他们就觉得海拔 4500 多米的地方真的很难受,他们住着就是不想上去。

在过去的几年当中,他们怎么做呢?他们自己在下面居住着,就开始雇人去上面去放牧。雇用哪里的人?我问了他们,说就雇用日喀则地区那曲的农民去给他们放牧。因为那些农民的生活过得比较差一点。怎么发工资呢?他们采取的是分成制,基本上就是四六或者五五分成。当年新增的牲畜的 50% 或者 40% 给那些牧工作为他们的工资。后来我再去那里去访问的时候发现,那些牧工基本上也没有干长久过,差不多在那里工作上一年或者两到三年,他们也就赶着牲畜回家了。其实到目前为止,我们没有真正的解决这些搬出去的牧民的生活问题,这些人基本上没有实现就业。因为给他们建的是移民村,他们局限在移民村里面,对于他们外面的世界是相对封闭的。再加上我们对生态移民的批评比较多,政府也比较谨慎,所以越来越的人把移民村封闭起来。

随着气候的变化和社会制度的变化,草原牧区的牧民面临着越来越多的风险,而过去他们常用的几种对付风险的办法或者策略,现在都不好用。

第一,在过去出现风险以后我们怎么办?我们一定是移动的办法,类似刚才讲的走"奥特"的办法。这个地方不好,我就换个地方。大家知道在历史上,我们可能要讲笑话,最大的一次走"奥特"可能是成吉思汗的新军队。现在有些人正在做气候的变化研究,他们发现成吉思汗从蒙古高原打到欧洲那几年恰恰是整个蒙古高原高温干旱的几年。他们是怎么做的?做气候变化研究最常用的办法就是看树的年轮,他们用这个来回溯历史。大家知道雨水好的话,树的年轮就长得很宽,如果雨水缺的话,树的年轮就比较窄。那几年是蒙古高原最干旱的阶段,人们无法生活,所以他们就跑到欧洲走"奥特"了。为什么后来回来了?就是整个蒙古高原变得比较湿润,适合他们放牧,他们就回来了,走"奥特"就结束了。但是现在的话,由于我们的草场承包了,移动的这种办法不能使用了。

现在有的人把租赁草场当作一种新的"移动"办法。就是当我们这个草场发生干旱的时候,我们可以去另外一个地方去租赁一些草场。但是后来有些人在做关于草场流转的研究发现,草场租赁在承担风险的过程当中基本上没起到很大的作用。刚才我们讲到价格,就是在越干旱的时候,草场的价格就越高,而且远距离的移动变得非常困难。大家租赁的大多数是打草场,而不是牧场。

第二,与上面的方法不同,我们传统的分担风险的办法就是贮藏。什么叫作贮藏?就是在整个的村庄里面,我们会留下一块公共的草场,我们把它围封起来,平时是不能使用的,它是专门为了应对风险和灾害留的。但是现在我们几乎把所有的草场都承包到户,这种所谓的留下一块草场作为公共草场和抗灾害的草场的做法在整个牧区现在几乎变得没有。如果有的话也变得非常特殊。

第三,我们对付自然灾害方法就是多样化。过去牧民家里面有很多不同的牲畜，蒙古族讲他们有所谓的“五畜”，即牛、山羊、绵羊、骆驼、马。他们说这种多样化的饲养方式会有助于克服风险。为什么？首先，这些不同的牲畜它们吃的草是不一样的。在灾害发生的时候，有的草是保留的，有些草是没有保留的，有适合草种的牲畜就可以生存下来。在抗灾害的过程当中，各种不同的牲畜会起到不同的作用。他们说在最理想化情况下，比如下雪，这个雪不是特别的厚，我们仍然可以把牲畜放出去。为什么？因为前面有马，马会把雪踏开；后面会有牛，牛会把比较高的草吃掉；羊的话会把低的草吃掉等等。但是现在，整体市场化以后，马和骆驼基本上没有市场价值。养殖变得非常专业化，比如养羊的家里面只养羊，养牛的家里面只养牛，很少有家庭去真的养马，养骆驼的就更少。畜产品单一对于对付灾害非常不利，为什么畜产品单一？除了市场选择的原因外，还有一个就是社区的共同分担，比如现在的市场交换，其实牧民所选择的传统上的应对灾害的办法变得越来越弱和不起作用，而我们现在新的制度在牧区还没有建立起来，比如我们一直认为对付灾害最有效的办法就是所谓的保险制度。但是现在，我们的保险制度在我们牧区，甚至是在我们农区都很少有。为什么？因为到目前为止，第一，我们的政府在里面投入非常少，对于农业保险来说，包括畜牧业，它们不是一个商业保险所能够完全覆盖的，一定是要一个政策的保险在里面。第二，我们很多保险的损失计算变得非常难，比如我们有一个保险是对付雪灾的，你冻死了多少牲畜我赔偿你多少，一家一户死了多少牲畜，像这样的情况你怎么去计算，这就是个问题。传统的制度不能使用，而新的制度又不能发挥作用，在这样的情况下，我们的牧区就会变得非常弱。在这种很脆弱的情况下，我们怎么办？

我还是讲一个故事。在不同的地方，政府怎样推动我们去管理我们所面临的问题？一方面是所谓的非农化和城镇化，即把草原的农民转移出去；另一个方面是发展所谓的现代畜牧业。我们提供越来越多的设施，帮助牧民来改善他们的生活和生产环境。比如给他们更多的畜棚，帮助他们搞更多的种植业，使他们有稳定的饲料供应，使他们的牲畜更快地出栏，以增加他们的收入。结果怎么样？科尔沁右旗有一个村子在毛乌素沙地的边上。2007 年我在这个村子做调查，当时写了一篇文章叫作《干旱下的牧民生计》，讲的是在这种干旱状态下，这个村子整个的生计是没办法维持的。为什么没有办法维持?虽然是蒙古族,但早年这个村子是不搞畜牧业的,这个村子好像是辽宁这一带的蒙古族搬迁到这里来的。他们最开始是在做农业,后来慢慢发展成为畜牧业,但是畜牧业不占主要地位,到了上世纪80年代以后,我们所谓的土地承包以后,这个村子就大量进行开荒,他们说开垦的土地数量之大是我们不能想象的,一家可以开垦到几百亩的土地,种一些农作物,比如绿豆,这个村子很多人就是依靠种植业发大财。我去村子看的时候,当地的几个大户都是当年比较勤劳的人,他们依靠种地而发展起来。但是时间长了以后,他们发现这个地不能再种植,这个土地出现风蚀。他们这个村子的农业现在已经很难维持。为什么?春天的风越来越大,你开采以后导致整个土的结构发生很大变化,就是沙漠化。他们说每年的春天种上作物,刚刚开始长出小苗,就开始刮大风,因此小苗子就被刮起来的土压死了。这时候他们就开始种植季节性比较短的作物,如荞麦、豌豆等这些产量很低的作物。等种植这些作物以后,他们觉得农业没法维持,于是他们开始更多地发展畜牧业,牲畜的数量开始增加。等到我们再去的时候,他们的畜牧业也没办法维持。为什么?农业的话农田越来越荒芜,畜牧业的话草原越来越退化。

我当时去看的时候,他们给我算了几笔账是非常有意思的。这个地方牧民的主要收入是依靠卖羊羔。一般情况下,一群羊出生概率是在90%到100%,有时会出现生双羊羔的情况,一般也在80%到90%的样子。比如大家饲养母羊,一百只羊里面有70到80只是母羊的话,一年下来也有50到60个羊羔。他们把这些羊羔卖掉就是一笔收入。但是到我们去的时候,这种生产方式已经没办法维持。为什么?因为整个草原退化以后,整个羊群的营养很差,牲畜不交配,怀孕的母羊数量非常低。他说他们家的母羊有40只,但是你数数怀孕的不到20只。这20只可能慢慢地又有10只母羊因为各种各样的原因流产了。好不容易有10个羊羔,他们说卖掉也是一笔钱,所以他们就精心地去放牧。但是放牧一段时间后,到了草原保护和休牧禁牧期,不许牧民放牧。所以来一个监察大队来抓羊,大家一看要抓羊,所以就赶着羊跑。赶着羊往家这样一跑就出现问题了:这10只羊里面又有5只羊流产了,最后就只是剩下这么几只羊。当然这么讲的话多少有点笑话的意思,但是我去算了一下几家情况,羊羔的产出其实是特别低的。我们也去访问了农机部门,他们也承认羊羔的产出数量确实在减少。

我们也看到,由于整个牲畜的蛋白质不足,就导致发情交配率降低,而流产的又变多了,这其实是一个很普遍的现象。这样村里面的人就大量外出打工。但是他们发现外出打工也没有办法维持生活。为什么?因为他们最常去的地方就是旁边的一家酒厂,而酒厂一个月的工资大概就是900多元,这个当然比他们养羊要好得多。但是他们一边要吃饭,一边要负担摩托车及油钱,这样下来他们真正拿到手里面的钱也不是特别多。2007年我回来以后,我觉得在这个村子已经没办法维持生计。但是等我2010年再去看,我发现没有我们想象的那么穷,比我2007年去的时候生活过得更好。后来我就问到底是什么原因使整个生产方式发生了很大的变化,他们就是搞了灌溉农业。以前这个村子基本上是一种雨养农业,现在在政府的支持下,他们打了很多的井。如果大家有机会的话,你们从毛乌素沙地旁边的公路经过,你就会看到在政府的帮助下打的很多井,它们排列得很整齐。灌溉农业在这个村子发展得比较好。

由于灌溉农业发展起来了,他们的生产方式转变了。以前他们主要种植绿豆和荞麦等作物,现在开始种植青薯和玉米,这些青薯和玉米主要是作为饲料,他们开始饲养牲畜,所以畜牧业就发展了。这时养牲畜放牧不是主要的,虽然有时候会赶出去放牧,但是回到家中以后仍然要进行饲料的喂养。这样从一个所谓的雨养农业变为一个灌溉的农业,一个放牧的畜牧业变为一个舍饲的畜牧业。我们看到这样一个模式,第一,这特别像我们的政府鼓励的模式,它是非常接近的;第二,其实这是农民的一种自我选择,我们看到村民的生活好了,尤其是那些原来日子过得比较差的家庭,现在他们的生活比过去过得好多了。但同时,我们看到一个特别可怕的现象,就是地下水超采。这在这个干旱和半干旱的地区变成一个绕不过去的坎。整个兴安盟水资源比较丰富,它在整个内蒙古地区排在第二。从1980年到2009年差不多30年的时间,总体的降水量变化不是很大,但是地下水只剩下差不多一半。在应对干旱和半干旱,或者应对整个气候变化所带来的风险时候,我们用最宝贵的资源来对付,这种可持续性到底在哪里?

讲这么多以后,我试图把大家拉到一个比较理论的层面,我想把这个整个大的转变的过程叫作从承包到再集中。也就说我们中国的草原牧区大致经历了两个阶段,2000年之前我们算第一个阶段,2000年以后可以算第二阶段。第一个阶段我们基本上是在关注草原如何很好地把畜牧业发展起来,这个时候我们没有关注所谓的环境问题,所以我们第一步把牲畜承包了。不管我们现在怎么批评把牲畜承包的政策,牲畜承包本身确实在内蒙古地区促进了经济的发展。第二步,我们把草原也承包了。草原的承包也经历了两个过程,第一个过程就是80年代,当时多数的承包只是落实在纸上,而且有许多还没有承包到户,只是粗糙的承包。比如这几家有五百亩的草场,你可能只承包了十几块,有好一点的,也有坏一点的。在草原比较广阔的草场,也有那一片就是你们家或者几户人家的,就是这种很粗糙的承包。我们在沱沱河调查的时候,发现户与户之间草场面积的差距非常大,有的我们根本就没办法计算到底有多大的面积。沱沱河有一个牧民被当地人叫作“小上海”。为什么叫作“小上海”呢?因为有几个在这里做NGO草原保护项目的人跑到他家里说,你们家的草原太大了,比整个上海的面积还大,所以他就被叫作“小上海”。到了90年代后期,我们就把草原认真地落实到户,就是大量地利用网围栏把草场分割起来。这样分割以后,就出现一个在草原管理上普遍出现的问题,我们叫作草原的破碎化,草原的整体性被败坏。原来我们说草原要利用就要多样性,冬季我们喜欢在一个温暖的地方放牧,夏季我们喜欢去水边放牧,草原被分割以后,草原的多样性就不存在,草原在利用的过程中就出现很多的问题:比如有的人家分的草场没有水源,这个家庭就必须付费给他的邻居去买水;有的家庭没有冬季草场,没有向阳的地方,他们的牲畜过冬就很困难。接下来还有一个问题就是我们一直在讲的,所谓牧民的传统知识。在历史上我们有很多关于牧民管理的传统和地方习惯,比如我们刚才讲到的冬季不能去夏季草场放牧,而夏季的时候不能去冬季草场放牧,这样有利于季节性的利用。但是当我们一旦把草原分割到户,原有的制度和规矩就不再起作用。特别是在我们鼓励草原流转以后,流转的草原过度利用的情况是特别多的。尤其是短期的承租,那些承租户更会高强度地利用那块草场。草场承包及草场流转这样一个制度,这对于草原的保护非常不利。当这种不利政府也意识到特别是在2000年前后,一个是风沙比较大,为了保护北方几个城市,要对草原采取一些行动。还有一个契机就是2000年我们承诺要办一个绿色的奥运,而办绿色的奥运的最大威胁就是沙尘暴,于是政府就说要治理草原。过去我们寄希望于牧民自己来保护草原,当这个目的没有达到的时候,政府就开始直接介入了。这就是我所说的再集中的一个过程,这个过程从2000年就开始了。第一个就是我们在保护草原的时候设立了几个大的项目。最主要的就是我们刚才讲的京津源风沙项目。第二个就是在非京津源地方搞的退牧还草的项目,有点像我们的退耕还林。第三个就是我们从2010年开始的更大的草原奖补政策。这个规模更大,大概每年50个亿左右。这些政策一定跟着一些措施,那这些措施是什么?我们把它们简单地归纳一下。

第一,我们叫作"减人减畜"的政策。所谓"减人"就是生态移民,"减畜"就是休牧禁牧和草畜平衡。接下来就是另外一个政策,即发展现代畜牧业。现代畜牧业基本思路就是采用舍饲圈养的方式,以种植来带动畜牧业的发展。

为了确保这样一套政策能够得到真正实施,我们扩大了草原执法队伍的建设,各个地方都建立所谓的草原执法大队,执法大队最希望的就是具有执法权,可以抓人。但是这个结果怎么样?我们看到,第一,我们所谓的草原"三牧",即休牧、禁牧和轮牧很难实施。我们前几年搞这个休牧禁牧很严格的时候,牧民采取了很多措施和办法来逃避这种监管,最简单就是所谓的夜牧。监管人员白天不让牧民去放牧,牧民就到晚上去放牧。这里有很多的故事,甚至有些地方传得有点神奇。传说由于长期这样活动,有一些牲畜已经开始适应这种生活,牲畜已经知道躲避监管人员。当监管人员来时候,这些牲畜自己都会躲起来。这虽然是笑话,但是实际上到现在为止,这种草原的休牧禁牧和草畜平衡的政策,在过去的几年里它们的作用是在不断弱化的。为什么弱化?可能与我们的大政策环境有关系,比如我们强调的民族稳定问题。休牧禁牧和草畜平衡在监管的过程中导致了非常多的冲突,我们很多地方的干部是睁一只眼闭一只眼。最近这几年,我跑到青藏高原去看所谓休牧禁牧和草畜平衡的时候,他们给了我很多的解释,他们说他们休牧禁牧是三年的计划,现在是开始阶段,有的甚至说他们这里本来牲畜就少。

第二,我们以所谓的减畜和现代化的畜牧业为目标来保护草原。我看到在很多地方所谓现代化的畜牧业是不现实的。包括在青藏高原,我们看到有很多地方根本没办法发展种植业。我们去看了几个所谓的典型例子,这几个确实做得非常好,但这些都是由于特殊的条件造成的。我们的生态移民也面临着更多的问题,包括从内蒙古到青藏高原。那天我们去看青藏高原的生态移民,当我们把它作为一个非常重大成果在展示的时候,那个地方本身积存的矛盾也越来越多。青海有两个最重要的生态移民村,其中一个就是格尔木市的叫唐古拉山的新村。这个村子在过去整体移民过程中,由于补贴很低,移民就不断地到政府上访。当新的财政补偿政策出台以后,这次的补贴力度一下子增大。我去这里看的时候,一户牧民一年补贴最少是36000元,最多的一户补贴是18万。这样的补贴力度可能在其他的地方是达不到的。其实当地的牧民觉得生活已经不成问题,但是接下来又产生两个问题。

第一个问题是就业。现在的牧民是坐在家里面拿补贴,他们把孩子送到学校上学,孩子读完书毕业,在城镇里面基本上没有办法就业。目前为止,转移出去的牧民和牧民的第二代,他们的就业问题已经成为一个难题。现在政府在三江源地区大搞生态环境的保护,投资很大,设立很多的公益岗位。我过去看一个所谓的移民新村,这个移民新村就雇用了好几个年轻的人去做物业管理。这些物业管理的钱谁出?是政府。现在大部分生态移民地方的补贴没有解决当地移民的生计问题,即使有的地方有所解决,但仍面临就业问题的长期解决。所以现在矛盾越来越多。

过去几年整个牧区,由于采矿业的发展,地方政府的财政收入比过去增加了很多,地方政府也确实有了更多的资金来给牧区提供补助。但是从长远来看,我们资源在减少,尤其水资源在不断地减少,而且出现了污染等严重的问题。我问过牧民,他们每年每个家庭可以拿到8万元的补贴,生活应该不成问题,但是他们担心哪天不给他们补贴。他们的本意是说这个补贴不可能是长期的。对于很多人来说,他们的第二代在城市接受教育,其实已经回不到牧区。我们在不断地解决旧问题,但同时又在制造新的问题,我们该怎么办?究竟有没有一种可能,就是我们对草原实行一种共有的管理,也就是所谓的共有资本。也有一些设计,比如以社区为基础的草原管理,我们也在关注这些问题。

另外一个问题就是我们讲的草原生态学,即非均衡和非平衡的系统。在面对这种不确定的问题时候,我们能用什么样的社会系统来和它们相适应。除了我们所谓现代化的知识外,我们在多大程度上能使我们的草原适应当地的资源禀赋,结合当地的情况有多样性的发展,这些是我们在考虑的一些问题。从2000年到2013年,在过去的十几年间,我们政府花了很多的资金和人力,实施了很多的政策都没有解决问题,我想一个很重要的原因就是我们想用一个“一刀切”的政策来管理这样一个非常具有多样性的地方。那能不能回到一个多样性的样态去呢？我现在就讲个故事，说一个村子村民为什么不采药。有一次我们去了德钦县的一个村子，我们发现这个村子的旁边长了很多药材，他们当地叫作青椒，我们一起去的一个人就觉得很奇怪。因为前几年他们来的时候，这里的青椒都被采得差不多了，为什么今年还有这么多，为什么老百姓不挖药材，难道是没人要了？于是我们就去问当地的村民这个事情，他们说之前他们一直在挖药材，卖的钱也不少，但是他们发现出了问题，就是得病的越来越多。比如他们以前很少得高血压，现在得高血压的人越来越多；比如村里面的人以前不知道癌症是什么，但是现在有人得了癌症。所以有的人就思考为什么会出问题，他们觉得可能就是挖药材的结果。他们说他们以前很少吃药，因为那些药材长在那里，药材的各种成分可能分布在空气当中，可能流动在水中，他们喝着水，呼吸着新鲜空气，他们就没事了。但是现在药材被他们采集完，空气和水中都没有了，所以他们的生活也就没办法过。于是村子里面就作出规定，村子周边的药材都不许采集。我不知道他们对药材和身体之间的关系的解释是不是正确科学，但是这个故事说明什么？就是当老百姓意识到一个东西重要的时候，他们能够自己采取集体行动来管理自己。

我在玉树看到一个很有意思的地方，这个村子现在变得特别有钱。为什么这么有钱？因为这个村子是冬虫夏草最主要的产地。这个村子作了一个很有意思的规定，即冬虫夏草变得特别值钱以后，很多外面的人来这里采集冬虫夏草，村里对采集冬虫夏草的人发放证件，进行统一的管理。村子里面把所有的管理费计算在里面的，然后按照人头来发放，这样村子里面的人收入都差不多。

老百姓你们为什么会有这样的一个管理方式？他们解释说，过去在分草场的时候，他们充分考虑草场的公平性，比如这一块草场草长得不好，我就给这户人家分的大一点；如果那一片草场比较远，我就分的大一点。这些草场总体来讲是公平的，所以大家放牧牲畜的数量也大概差不多。后来他发现牲畜的数量不重要，最近这几年牲畜在这个村基本上变成一种自食的形式。他们很少卖牲畜，牲畜也不是他们主要的经济来源，现在主要是冬虫夏草。由于有的草场冬虫夏草特别多，有的草场冬虫夏草就比较少，如果还是按照原来谁的草场谁收入的话,就会面临新的不公平。所以,大家把所有的东西集中起来重新分配,这样就保持一个公平。

这个地方的文化里面保留这样强烈的公平观念,给了我们很多的启示,我们对资源的公平以及我们在公平的基础上对公平的管理是不是有一个更有效的途径?这些东西我们只是在这里说说,我们这里的人谁有兴趣就去发现更多的故事,去发现更多的案例,也许真的给我们新的启发。总的来说,到目前为止,草原牧区对整个中国来讲是一个特别重要的地区,它的重要性我们以前从来没有意识到。其实草原的整个生态安全和当地人的生计比我们北京的PM2.5,以及对我们整个中国来说都有更重要的意义。而且,这个地方在经历一个迅速变化以后,很少有人真正从宏观和微观的角度去把握它的一个总的变化趋势。比如它呈现了什么问题,在出现这些问题的时候我们采取了什么办法和行动?这些办法和行动是否是头痛医头、脚痛医脚的方式?当我们这些政策和行动解决一个问题的时候,它会带来十个问题,于是问题就变得更加复杂。在这种情况下,我们究竟怎么样来做?在这个地方未来是一个什么走势?其实我们很不清楚。这也给我们大家提供了一个深入研究的机会,无论是对于中国的未来来讲,还是对于我们的城镇来讲,都是值得我们关注的。谢谢大家。

评议与讨论

潘蛟:作为主持人,我先作一下评议。我们非常感谢王教授给我们这样一个精彩的演讲。他的材料很丰富很积极,让我们看到了环境的复杂性。我的理解就是,王教授在讲这个主题的时候,让我觉得环境问题是一个新的问题,环境问题有一个整体性。他说得很清楚,我们关注草原实际上是北京关注自己,从北京这边的沙尘暴问题到环境问题和草原问题,所以它们有一个连带性和整体性。这种连带性和整体性实际上是在挑战我们以前熟悉的生产方式,或者生产关系。比如个体化和产权的明确性,让草原本来有整体性的东西变得支离破碎,结果导致很严重的后果。在王教授的演讲中,我们看到这些问题本身是私有化或者资本主义生产方式带来的问题,但是我们希望通过市场化和资本主义的方式来解决这样的草原问题,比如说先承包牲畜,后承包草场,结果造成的问题更加严重。这里面可能引出来一个根本性的问题,即我们以前的产权问题也成为一个问题。还有一个就是以前我们的根本生产方式已经引出新的问题。这些问题让我们对我们的生产方式、对我们认为的目标和价值都有一种思考。

大家知道生态学就是在批评这个东西。生态危机实际上是一个生产方式的危机,环境问题和生态问题不单纯是人与自然的关系问题,实际上涉及人与人的关系。这些都可以从王教授的一个个具体的故事中看出来,这是我的一个感受。现在留一点时间给大家和同学们,我的评议到此为止。

学生:王老师,很感谢你的故事。我有两个问题,第一个问题,我们社会学的研究如何去应对气候的不确定?第二问题,我们的社会研究如何去应对市场的不确定性?

王晓毅:你说气候的不确定性和社会的不确定性,我也讲到我做东西的时候是去下面找故事,其实这些故事会给我很多的启发。一个是气候的不确定性。就像你说的有时候下雨多,有时候下雨少,我们一直想通过一种现代稳定的技术来应对这种不确定性。但是你会发现这就出问题了,比如我们回到历史上去看,中国差不多从20世纪40年代以后,雨水比较多的时候,我们面临的主要是洪灾。从老人家口中,我们要把水和海的事情办好,或者把黄河水办好就基本上没问题了,怎么样把水排出去,就是把水裁弯取直,其实这个很大程度上解决了洪灾的问题。但是没想到到了80年代以后我们气候变化了。比如近几年的洪水问题又出现了,下一步究竟会怎样变化,我们也不知道,甚至也没人知道。比如未来的几年是降雨较多还是较少,我们没人知道。我也一直在想,究竟有没有一种可能,有一个更灵活的机制,使我们的社会有更好的relations,现在大家讨论最多的也是如何来加强我们之间的relations。我们所看到的是自上而下的整体设计,你可能很难使这个社会有弹性。如果自下而上的话有没有可能使一个基层的社会有一个更好的弹性。我刚才讲的一些成功的案例,都是基于那个地方特殊的情况形成。现在很多人都在讲,我们是不是有一种恢复游牧可能,以此来恢复这种确定性。其实要恢复到游牧,我们也面临很多社会制度的障碍。

我讲几个故事。第一,我们其实需要一个生态文明。那什么是生态文明?我们总是讲生态文明是一个超越了所谓农业文明和工业文明之上的文明。我们可能有新的技术替代,特别是我们的现代化理论,我们可以利用技术和其他方法解决生态问题。但是我一直觉得在我们原有的文明中,比如原有的工业文明和农业文明当中的一些东西,能够给我们一些借鉴。我们还是来讲故事,比如最近几年云南的干旱问题。其实云南以前很少出现干旱,不知为什么最近几年干旱频发。这里面就一定是气候的原因吗?有些人在做这方面的研究,他们说云南的干旱问题不仅仅是一个气候的变化,同时也有人的因素在里面。他们在一个村庄里面做一个调查:在一个小的生态林里面,有更好的森林就有更好的抗旱能力,如果那个地方把森林砍光,那里的干旱问题就很厉害。最近他们在搞分水林,其实在云南的少数民族地区,原来就有分水林的概念。他们想通过恢复分水林的办法来保护这里的水源。我看到这些案例后觉得,尽管这些方法不能完全解决问题,但至少在很大程度上缓解了干旱的问题。所以我说对于所谓的气候不确定性,也许在不久的将来,需要一个制度保障我们的许多行动,即下面的行动和上面的政策相互协调。我打个比方,我不知道能不能实现,比如我们的保险制度和我们地方上的自治制度能不能相互结合,能不能减少和缓解这种风险。

第二,市场风险。我们更深地卷入了市场中,现在基本就是这种策略,我们把农民进行培训使他们能更好地来适应市场变化。还有一个,我们是不是有这样一种能适应的制度,即它能够屏蔽市场和社区对我们的负面影响。其实我觉得这是两个不一样的思路。打个比方,我们去看了三江源的一个村子,这个村子的冬虫夏草发展很快,农民都很有钱。几天前他们的村主任又来跟我讨论事情,他说如果某一天冬虫夏草就不值钱了,或者没有了,他们怎么办。我们知道在历史上,这种资源枯竭的事情是经常发生的。我记得当年在青海的时候,我们在做一个项目,其间有一个老外找我,叫我帮他做个调查,即这个村子蕨菜是怎样发展的。当时我觉得很奇怪,为什么要讨论这个问题,因为我在这个村子没看到一棵蕨菜。后来我就跑到村子里面就去问老百姓,他们说这个村子以前确实有蕨菜,而且很多。蕨菜卖得最贵的时候,好多人来收购,村里的好多人都去挖蕨菜,结果就把蕨菜彻底挖没了,所以现在看不到一棵蕨菜。于是这个村子的人开始思考,他们以后怎么办。

祁进玉(中央民族大学民族学与社会学学院副教授):今天王教授讲的这个话题,我觉得意义非常重大,刚才潘蛟老师的这个评议我也同意。它其实就是一个草原生态的问题,也是一个草原的整体性问题。人类学特别讲究整体性,不仅仅是一个制度设计问题、人的问题、气候问题、环境问题,其实它是牵扯到方方面面。现在我特别关注的一个问题就是内蒙古的草原和近代草原之间一个很大差距的问题。在内蒙古做研究的学者提出的一个(148 分 23 秒左右),就是你讲的转场放牧。现在转场没有了,从春秋草场到夏季草场再到冬季草场没有替代,从而导致他们这个草场退化很严重。

有一个问题就是生态移民的问题。这些人直接从草原的核心地带被剥离出去,当我们想去解决一个问题的时候,其实我们是在制造另外一个问题。我去过青海、海西、海南等很多地方,这些地方的所有政府官员都说他们在想方设法去解决这些问题,但是这个问题根本没办法去解决。你讲了虫草问题,虫草经济的发展在一定程度上对他们的民族文化传统和伦理道德的影响是极为深刻的。现在的年轻人基本上不去放牧,他们都开好车,不管是冬季还是夏季,他们卖完冬虫夏草就去消费,所以他们的很多知识精英很担心这些问题。国家也似乎拿不出更好的措施,所以我想说是你是怎么考虑这个问题的?

王晓毅:国家没办法,我也没办法。但是我觉得,其实第一个问题是我们的社会都在变化,包括藏族人。他们离开草原进入其他领域和地区,这个都是有可能发生的。但是我们的麻烦在哪里? 第一,我觉得我们的变化太快了,没有给他们一个适应的过程。你现在面临的问题,比如说你刚才讲到的生态移民问题。这些人移民出来后,他们没有找到一个真正的就业渠道,包括我们现在的教育问题。我们总是说教育是好的,教育总能教给他们更多的适应能力。但是我们现在发现,当我们把这些传统的牧民从草原搬迁出来以后,经过所谓的集中办学,然后他们在城市上小学、初中和高中,有一部分人上了大学,一部分人没有上大学。但是不管是上大学还是没上大学,他们回去以后仍然没有就业。虽然现在很多人可以得到补偿,并且扩大公务员的队伍来解决就业问题,但是这不是一个长久的计划。总之我们不能想象在一个地区有这样一批人是被我们这样被养起来的。

我觉得我们一个大的背景是,一个叫作项目形式的管理,这是一个所谓的项目治国。从上世纪 90 年代中期开始,中国的治理方式发生了非常大的变化。过去我们是有一个自上而下的集中体制,依靠的是行政的命令。但是改革开放以后,我们希望地方政府能发挥更大的作用,当地方政府能发挥更大的作用时候,我们发现地方很有活力,于是我们90年代开始增加中央的财政收入,然后来补贴各个地方政府,其前提条件就是我给你钱,你听我的。然后地方政府就萌生了一种很强的要项目的冲动,特别是西部地区。我们大家都知道,东部地区追求所谓的GDP和追求所谓的招商引资,在西部同样的现象就是争项目。比如贡格尔村子的一个书记就说他们的压力很大,因为每年到过年,书记和县长把他们各个部门都找来问他们今年拿到多少项目。比如林业就说挺好,他们拿到了一千万;比如农牧说他只拿到了五百万等;然后环保最惨,他们就说没有拿到钱,于是就会受到批评。所以在这样一个体制下,整个一个所谓的项目治国,再加上我们政府的一个企业化,即政府通过各种方法增加资金。在这样一个体制下,我觉得很多问题就会慢慢累积起来,所以我想,如果要想促进一个地方的发展,还是时间的问题。如果发展太快还会导致一个问题,不管你给他们多少补贴,其实都是把当地人边缘化。因为现在主导发展的是所谓的经济增长,依靠的是比如采矿业和技术设施等,这两个东西都是能主导的。结果就是你发展多少与我们没有关系,我能得到多少补贴最重要。

有件事情说起来时间有点长,就是国家民委来找我们谈民族问题,我就说现在西部所谓的民族问题在很大程度上是生态环境的问题。真正的生态文明怎么来搞?一个是实践问题,一个是在少数民族地区把社会评价和公共参与加进去。我们原来给民委写过一份报告,现在由于采矿业而导致的失衡已经变成一个很尖锐的问题。你解决这个问题要有一个有效的途径,即社会评价和社会参与,让当地的人参与到当地的开发中来,并且能使他们从中获得益处。我提出问题以后,民委开完会后说这个很好。

学生:我觉得我们现在面临的问题不仅是一个市场风险的问题,包括生产方式问题及其他一些问题。我在您这里听到最多的就是传统的东西在遇到现代市场经济的过程中,它们会遇到各个变量的冲击。它们本身在一个传统社会是平衡的,但是在市场经济的潮流中受到各种冲击,我们不得不把传统的东西放弃,而在市场经济面前会进行各种调整适应。我的问题是我们的生态环境是不是被市场经济绑架了?我不知道您是怎么思考的。

王晓毅:我们都忘记了我们是自然的一部分,不能只觉得自然应给我们能带来利益,即我所讲的自然的自然化问题。我们怎么样去利用自然?唯一的评价标准就是哪一种能给我们带来最大的利益,我们就觉得哪个是好的。在这个意义上,人们经常会批评说草原所产出的一定就是把这块地开发出农田;接着人们又会说,如果你把这块地建设成高楼又比你的农田收入更高,这就是所谓的市场逻辑。但是反过来说,这样一个驱动性很强的社会出现很多的问题。如果要比较起来讲,这些问题在非草原牧场也许会以另外的方式呈现出来,但是在草原牧区,由于整个都处于急剧的变化当中,所以出现各种各样的失衡。我是比较喜欢回到波兰尼那个理论,我觉得市场这个东西在很大程度上至少是先绑架了社会,然后绑架了生态环境。对于我们社会学家来讲,我们总想着重建这个社会。

潘蛟:这几年在人类学里面也有这样的现象,他们也在批评。现在我们说什么是幸福,是车越开越大?其实是没有止境的。以前生产是为了我们能吃能住,这叫作生计经济。今天我们是市场经济,其实市场经济是一个异化的问题,是一个为了生产而生产的东西。我记得马克思主义说资本主义生产最基本的矛盾是生产资料的私人占有和生产的日益社会化。而生态人类学说社会矛盾是生产资源的有限性和人类生产无限性。这里面最根本的问题,很激进的一种批评是我们要对我们的价值进行一个重新评估,即什么才是好的。

王晓毅:发展产生了很多负面的影响,就像你刚才说的衣服可以扔掉,一次性的杯子也可以扔掉,因为它们有一个另外的处理系统,这和大家的关系不大。但是我觉得在整个这样一个环境下,特别是在青藏高原,你会发现这些东西其实和他们的联系是特别密切和特别直接。所以随着我们整个生活方式的改变,或者青藏高原上的牧民开始有钱以后,他们消耗的外来产品开始增多。藏族人他们最喜欢喝饮料,我们就告诉他们喝这些东西会对身体产生不好的影响,但是在青藏高原他们就非常直接的发现,那些饮料罐喝完以后都在村子里面成为垃圾。他们去讨论,第一,这些衣服怎么办?因为以前他们的衣服是自然产生,所以这些衣服可以自然地腐烂,但是现在人们不知道这些衣服该怎么办。然后我在一个村子里面看到,几个活佛坐在一起几天在讨论这个问题。他们不知道自己的衣服到底扔在哪里好:如果扔到地上,这些衣服不会变坏;扔到河里面,他们发现堵在河上也不是办法。所以我们说这种现在的生活方式与他们的生活方式是非常密切联系的,而且这种负面影响在他们那些地方特别清楚和直接地展现在我们的眼前。因为他们整个垃圾的分解能力还没有达到要求。然后,让我们兴奋的一点是,有另外一种价值也许隐隐约约地存在着。我说我在村子里面经常看到没有年轻人,但是当我们跑到另外一个村子那边,即一个藏族村,我们发现很多年轻人在那里。我们就去问他们每个人的收入是多少。他们就告诉我们说,一年种植一点虫草、养一点牲畜、再种点田,他们大概一年有一两万元的收入。我说你们为什么不外出打工,如果打工肯定收入要高。但是他们就说他们为什么要去打工,他们三万块钱够了。你会发现也许在他们的概念里面,他们这种人与自然的关系更加密切。另外一个,有些东西它是隐隐约约存在的,只要我们能让它们不完全消失掉。

学生:老师您好!我就是内蒙古人。我们出台了一些政策来促进草原的发展,但是在追求经济最大化的时候也会带来草原的退化,而且这种经济的发展也未必给牧民带来真正的实惠。我觉得草原的生态利益和文化利益比草原的经济利益更重要。要保护草原环境,我觉得需要牧民的参与。我的问题是,您在这方面做研究的时候有没有从牧民的身上去考虑,或者您有没有在人这方面做工作?

王晓毅:怎么说呢,其实原来我们试图来作一点干预,但是说真的对于我个人,我做行政干预不是很擅长。后来随着我们慢慢去得少了,你就会发现有各种各样的问题就加入进来了。我觉得是这样,你刚才讲文化的价值,其实这都是抽象的来谈。现在我们很多主导思路就是把利用和保护相互对立起来做,包括我们现在的功能区划,即在不同的地方承担不同的风险。其实这种规划思路还是把利用和当地资源对立起来。所以你看在鄂尔多斯,那里划分了很多的保护区和开发区。但是等到我去看的时候,他们把保护区的人都搬迁到开发区。那保护区干什么?这些地方建立高尔夫球场。所以在做这样一个大的规划时,我们做起来也是有很多难度。我曾经在内蒙古做过一个参与式的草原管理,参与式的草原管理其实是要投入很多精力。因为面临两个问题:第一,政府参与的问题,因为政府有各种各样的政策来不断地修正你。第二,其实现在牧民也是不同的。有些牧民他们特别关注自己的草原,因为这是他们的生计来源,但是现在也确实有一些牧民,因为他们的孩子在外面已经就业，就如他们自己所说的那样，只要他们多饲养一些牲畜，然后赶紧卖掉赚一笔钱，接着拿到城市给他们的孩子买一套房子。至于其他的事情，他们根本不去思考。他们只要等自己的孩子成家立业以后，他们自己怎么样都可以。所以这样的话，我们需要一个更好的环境使他们把需要保护的东西发挥出来，比如这种短期利用草原的形式可以放弃。所以我们需要思考，即大家俗话说的我们需要把利用和保护相互结合，而不是把它们对立起来。

潘蛟：谢谢同学们的积极参与，我觉得这场演讲非常精彩。我们再一次感谢王教授。

（编辑整理：吴早琴）

中国在非洲的“新遭遇”

主讲人:李小云(中国农业大学人文与发展学院院长,农学博士、教授)

主持人:潘蛟(中央民族大学民族学与社会学学院教授)

民大今天请我来做这个讲演,我感到非常的荣幸。从我的角度来讲,我是做实践而不是做理论研究的。像潘老师、海洋老师和建民他们都是做理论研究的,而且他们的理论研究都做得很好。我今天和大家作一个交流,交流最近几年我们讲得比较多的一个问题或者说地方,即非洲。我今天起的一个题目叫新遭遇,即“New Encounter”。

“Encounter”这个词在人类学里面是有含义的,中国人说的“Encounter”是什么意思?从文化人类学来讲就是你遭遇了一个不同的文化结构。从社会人类学来讲是指一个社会系统与另外一个不同的系统联系在一起这样一件事情。所以今天我们来讲的就是中国的新遭遇。什么叫作中国在非洲的新遭遇?言外之意指我们以前和非洲遭遇过。我是学生物学出身,而且经过系统的学习。比如病毒,都是系统学过的东西。比如你验血以后,你身上有抗体,我们就会问你以前得过肝炎或者你的抗体是肝炎吗等这样的问题。很多人不知道自身的免疫,其实我们人群中有20% ~30%的人带有自身的免疫系统。当乙型肝炎病毒进入人们的身体以后,自己就会产生免疫抗体,这就叫作你的第一次遭遇。你遭遇到了一个你自身没有的病毒,这就叫作遭遇。新遭遇就是又给你来了一次的意思。为什么说这个新遭遇给我们带来了一些问题?刚才在来的路上,我跟潘老师和王老师讨论,我说这个需要你们人类学来研究。因为我这个学科不是批判的视角,我是以建构的视角来做研究,就是怎么做的问题。人类学家就在那里看着,他们会说你这样做是不对的,这个时候人类学家就有意义了。

现在我来讲第一个问题。为什么中国在非洲的新遭遇会产生这么大的全球关注？为什么现在这是一个问题，而过去不是问题？大家想过没有，这个问题我和王铭铭老师也讨论过。能不能说今天中国去非洲和中国的全球化过程是帝国文明的一个延续呢？我为什么这样讲，因为今天我们在非洲的呈现与传统的帝国呈现有很大的相似性。

第一，我们现在有3.2万亿美元的外汇储蓄，有将近8万亿的国内储蓄。我们国家的储蓄率现高居在60%左右。作为一个这么大疆土的国家，用这么短的时间，拥有这样大的一个外汇储蓄，你对美国，你对"二战"以后所建立起来的这个资本帝国的位置产生了一个巨大的安全挑战，这在之前的世界上是没有过的。这在发展中国家，我们用马克思的话讲就是结构发生变化。作为一个边缘和中心的关系，你永远就是这样一种情况，要不你是边缘我是中心，要不就是我在边缘你是中心，即永远在这样一个结构之中变换。现在在技术壁垒方面还存在一个边缘和中心的问题，就是中国是边缘，美国是中心。但是你变成资本的中心，他变成资本的边缘，他依靠借你的钱来活，而你依靠他的技术来发展。资本主义分为三个阶段：工业资本主义、世界资本主义、全球资本主义。这个特点是不一样的，这种模式已经不是工业资本主义时代和世界资本主义时代所具备的。世界资本主义时代是拉丁美洲和美国的关系、非洲和欧洲的关系、亚洲和欧洲的关系，是一个简单的被剥夺和不平等的关系。这是依附理论的东西，是新马克思主义的东西。说新马克思主义复兴了就是因为这个关系，就是世界资本主义被结构化。全球化是一个新的条件，但是全球资本主义还没有完全形成。全球资本主义是跨国公司所控制的，它的总部可能在迪拜，但是生产基地可能在中国，它的消费市场可能在全球各地，包括非洲等。不像过去，底特律是汽车的生产中心，汽车可以分销到其他国家，但是现在不是这种关系。全球资本主义是靠跨国公司来控制的，这种控制超越了国家主权。这就是为什么西方人类学一定要研究这个问题的原因。这个原因就是在全球资本主义条件下，跨国公司的治理超越了主权国家的体系。这在人类历史第一次对一个习以为常的概念，即基于民族国家的国家治理结构提出了挑战。过去大家都不挑战，大家都承认这个，我不去干预你这个。现在国家干预，它们通过什么形式来干预？即全球治理。全球治理就是为跨国公司服务的跨国机构，它不是为中国政府服务，也不是为其他的政府服务，它是为跨国公司利益服务。这就是你们人类学家所研究的基点。为什么要研究这个东西?为什么以这个为基点?因为它超越了国家利益,它是独立的利益,是为跨国公司服务的。这就是全球资本主义,所以全球资本主义时代正在形成这种格局,包括美国和中国的这种格局。

中国现在有3.2万亿美元的外汇储备,美国人就会说这太可怕了。美国就会说人家拿美元储备买了我们的国债,动摇了我们,所以他们就想办法要让美元升值。过去8年时间,美元升值35%。这个大家都知道,过去美元的汇率是1:8,但是现在是跌掉35%了。我们的外汇储备现在已经缩水。什么意思?进入全球资本主义时代以后,我们中国俨然变成一个资本剩余国。这个和工业资本主义后期,即资本主义向帝国主义发展时候的英国很像。资本剩余没地方投资,利率为负数。如果你考虑剔除通货膨胀和美元的汇率的变化,我们一个人的全球购买力,即按照全球每一个人的购买力来衡量我们的钱,我们把钱存在银行里面是亏本的,实际的利率是负数。这个老百姓看不见,只有专家才能懂。对于我们银行里面的钱,我们一分钱利息都没有,我们是亏本的,但我们必须克服心理层面的障碍,必须要说服自己把钱放在银行里面。什么意思,就是我刚才讲的新遭遇。就是这个资本要找到地方,资本要扩张。它首先找什么地方?就是找政治抵抗最弱的地方。资本入侵的地方首先是政治社会系统相比最弱的地方。就像病毒,这个病毒的流行绝对不是盯上最强的人,而是盯住抵抗力最弱的人。所以就是这样一个问题,这个新遭遇概念的构建,就是对非洲的构建。

你到美国和欧洲去谈论非洲,他们会认为这个地方贫困和落后,我们必须帮助他们,官方和老百姓都是这种观念。到非洲去给谁工作?比如给美国发展署、美国的和平队、美国的人道主义救援等等,以及搞发展和NGO,然后就是旅游。你问中国人去非洲干什么?多半就是去做生意,越是艰苦和越乱,就越有生意做。还有非洲就是机会。你们看看《中国话语》这本书,中国话语和美国话语、中国话语和欧洲话语是不一样的。非洲在欧洲人眼里面就是白人的负担,非洲在中国人的眼中就是充满风险的黄金机会。现在在伦敦经济学院的边上有一个Company garden,我们到伦敦经济学院开会就会去那里转转,因为这是一个很古老的大市场,这个市场边上有一个公司叫作詹姆斯公司,是16世纪时一个名叫詹姆斯的人注册的。当时这个詹姆斯公司的人认为,在英国这里不好挣钱,他们要到哪里去呢?他们就到美洲去,那时叫作美洲而不叫美国。他们从英国维多利亚女王那里申请到一个特别的许可,就是允许他们以大英帝国名义到北美的一些地方闯一下。他们的钱必须要挣,就是这样几个人,坐六个月船漂到了宾夕法尼亚州的一个小镇,就是今天叫作詹姆斯的小镇。这个小镇在美国内战的时候是南方的首都,是南方军的首府。大家去这个地方的时候一定要看一下詹姆斯小镇。这是一个新的大陆,也是捷克著名的作曲家安东·德沃夏克在他的著名曲目《新世界交响曲》中谈到的地方,他描述的就是欧洲人到美洲去。你看这个历史叙事,我在讲历史叙事和资本到美洲去以后的关系,他们在詹姆斯小镇建立的第一个公司就是今天的万宝路。万宝路就是从这里开始的,棉花和烟草等种植就是从美国南方这个地方开始的。后来才是"五月花"号船去那里,即新教徒去那里。所以这个资本推动的冒险创业在前,精神的追求在后。即"五月花"这帮人要创造一个宗教理想,要享受宗教的自由,因为美国的新教徒在英国也受到歧视,言论不自由。这就形成了美国今天的两种力量,一种是创业的力量,一种是宗教的力量。同一时间,有一个非常有名的人叫列文斯顿,他是一个英国人,在今天牛津这个地方成立了一个教会,它隶属于英国教会。他在那里号召什么呢?就是号召年轻的传教士跟着他到非洲去,他是第一个利用宗教走入非洲的人。他从什么地方进入呢?他是从坦桑尼亚的一个港口上岸沿着赞比亚河进入非洲赞比亚,所以他为非洲取了很多的名字。他在西南非洲从赞比亚一直到津巴布韦,他发现了大瀑布,就把它命名为维多利亚大瀑布,就这样沿着赞比亚河一直沿着这条道路前行。赞比亚河和赞比亚这个名字都是他到这个地方以后命名的。他到这个地方做的第一件事情就是说服当地的长老放弃一夫多妻制,因为早期西方文艺复兴和启蒙运动以后,人文主义思想迅速扩散,且从宗教上来看,他们认为一夫多妻制是不道德的,不讲卫生也是不道德的行为。他们希望用这些最基本的伦理,改变非洲的落后。所以西方人所构建的非洲就是建立在必须改变它这样一个场域,从一开始遭遇非洲的就是西方人。

从一开始遭遇非洲,他们就有一种使命。梁永佳老师给我一本书,这本书是什么?这本书叫作《宗教的使命》,从宗教的使命变成一种殖民的使命。其实殖民的话语和宗教的话语是不一样的。宗教的话语是说你是野蛮人,我要去改造你。到殖民时代话语变成什么么了?即你是一个不文明的人,我要把你文明化。郭嵩焘到了英国以后,当时叫作大清帝国驻大英帝国的公使。他在西方的街道上行走,大街上所有的西方人都在他看,因为他穿着长袍,留着大辫子。郭嵩焘可不是一般的人,他是一个大学问家。但是大学问家这样的不文明,所以当时中国也是作为一个不文明的对象。我们现在不能再作为研究对象,我们再不能跟着外国人研究,我们被他们骗了。他们觉得研究这些不文明的人有意思,就要研究他们,这就叫作人类学。研究他们自己不叫人类学,叫作社会学。其实他们之间的研究都是一样的,人类学和社会学没区别。研究我们这样的人有意思,我们留着大辫子,这是不一样的,这就是人类学。他们要研究人类发展之前的东西,这就是人类学,他们自己是社会学,所以人家研究自己的社会,而不研究异域的社会。他们研究自己和研究异域是有分工的,这是不一样的意思,这是殖民主义。我们到现在还是被殖民者,在理论上来讲我们还是被殖民者。我这就是给人类学界提出一个很大的挑战。毛泽东在上世纪 50 年代其实是对的。费先生说我们可以不可以保留人类学,毛主席说不保留。其实老人家是有想法的,但不一定是针对我们的学科来讲。我这样说的意思就是我们需要反思精神。我有一个人类学的朋友,他是牛津著名的大学者。他天天跟我说,你们应该找一批社会人类学家,你们社会人类学家要给你们的政府提议,从现在开始给钱研究英国和美国。他是一个美国人,他可是一个大牌的教授,不是一个一般的教授。我讲这个意思是想说明非洲新遭遇的含义很多,不是一个简单的非洲问题。

我今天不是做我的田野研究,我做田野的很多东西以后和大家好好地交流,我今天的重点是在构建这个概念上。英国人到美国以及到非洲的历史和我们中国人到非洲去的历史差别大吗?郑和下西洋拉一个长颈鹿回来,我们给它起名为麒麟。为什么?因为中国人没有见过这个东西。麒麟只是中国古代传说的瑞兽,是个四不像,所以现在的麒麟就与原来的不一样。你看现在的麒麟造型,它是长颈鹿吗?当然不是,但当时长颈鹿就是被叫做麒麟。据说这是郑和从肯尼亚弄回来的。他们当时的技术很了不起,是用船从南京弄到北京来的。这就是我们中国最早关于非洲的概念,我们遭遇非洲就是这样遭遇的。英国如果没有商业的话,它的文化是扩散不了的。英国如果没有资本主义这个东西,英语这个东西谁会去说它。但是我们中国既没有商业的东西,也没有军事的东西,我们中文的影响力却更大,文化的影响力更厉害,像日本、韩国、越南等国家这个大圈。费先生讲的"三圈",就是中国的三圈,就是距离我们最近的家族和亲属等这样一个关系结构,其实从这个角度来讲的话是一样的。我现在回过头来再讲我的第一件事情,即延续,它在不同的地方呈现不同。今天在经济全球化的情况下,在全球资本主义情况下它呈现出一个什么样的状况?就是这样一套东西。这是我试图给大家要讲的第一个层面。好几位老师都在这里坐着,我们可以讨论一下,这个层面的历史叙事是很明了的,就是没有结论。

第二个问题,就是说我们今天的情况很像一个帝国的扩张。我觉得我们今天有这么多的钱,我们必须找路子出去。你看我们到美国市场多么的难,到欧洲也非常的难,好多的东西限制着我们。大家都知道维多利亚女王让乔治·马戛尔尼带信给我们的乾隆皇帝,这个信现在大英博物馆里面存放。信上说大英帝国没有别的想法,遥遥万里,遣使臣马戛尔尼觐见大清帝国殿下,带着厚礼表示我们的诚意。他们说没别的意思就是做生意,我们怎么做的呢?我们就说我们大清帝国要什么有什么,无奇不有,除了茶叶你们还需要我们的大黄。因为他们吃肉,肉吃多会出现一些问题,于是他们就会吃我们的大黄,喝我们的绿茶。于是他们的公司就把中国的茶弄过去,他们的茶都是从我们中国运输过去的。林则徐派遣人到香港和澳门,说去看看这些红裔和白裔(红裔就是稍微南面一点,白裔就是北欧的人),看看这些人他们每天吃几次大黄,喝几次茶。派遣去调查的人回来就半真半假地讲,他们早上、中午和晚上喝茶加起来一共大概是十几次,吃大黄是两三次等等。其实这也是编造的,但是大部分的内容也是对的。意思就是说他们这些人如果没有茶叶和大黄这两样东西他们是活不了的,其实这件事情和林则徐后来的禁烟有很大的关系,这个时候英国是一个成长的帝国。当他们撬开一个古老帝国大门的时候,这个古老帝国就要拒绝和排斥,就像我们到了美国要去并购公司被拒绝是一样的,所以你这个钱就必须要找别的地方。因此这个钱在这里不行就会想办法到别的地方去,必须拿着钱找地方,这就是"资本主义"。

学过马克思的大家都知道,资本主义垄断了就到了帝国主义(阶段),这不是我们说谁指挥谁的问题,这是自然和理性的。什么叫作理性?我的很多学生经常问我什么是理性,我就说这个人要走着去看他的母亲,假如要走一年,如果有人说有一个捷径只要走一个月就可以到达,这个人就会选择走一个月就可以到达的手段或者方式,这就是理性。如果一天可以到的话,他就会选择一天这个手段或者方式。资本也是这样,所以资本家一定会去那里赚钱。我们刚才讲的,我们经营过银行的首席经济学家在香港讲演,他讲我们在未来十年的时间里可以向非洲投资一万亿美元。我们听到以后吓死了,非洲全部的基础设施需求是五千亿美元,这五千亿美元在非洲可以全部搞定。这个信息告诉我们什么了?我给大家讲的是什么意思?第二个层面来讲的话,为什么西方国家会害怕?他们从来没有害怕过韩国和日本这些国家,为什么他们就是害怕我们。就是这样一个方式,它来源于一个不同于西方路径的这样一个制度。就是我们现在已经非常习惯地以为,一个把资本生产到这样一个程度的制度已经是一个包容的制度。什么是一个包容的制度?它一定是一个非常有问责系统的制度。就像我们几天前去韩国之前的下午,林毅夫在那个地方和几位顶级发展研究专家讨论。你们可以上网查一下,他的介绍清清楚楚。他认为,中国最大的问题就是在政治上对西方、对新自由主义产生了根本性的挑战,它的每一个政治制度的规则不符合这个动力的政治制度的要素。中国是一个威权性的、一个相对集权的社会,是一个非西方民主的、非公开选举产生的、非对抗性政治所产生的这种问责体系。什么意思?就是对抗性的政治制度会产生一个均衡系统,就像你不能偷偷干,我也不能偷偷地干,所有都要透明。这包括两个维度的问责,这两个维度的问责是横向和纵向的。一个是从上向下这样一个维度的问责,一个是左右横向的问责,这在西方是非常清楚的,你在理论上很难去挑战任何一个政治制度。西方的政治制度死了,用福山的话讲就是"历史的终结",没什么好讲的,因为政治学上已经讲了,现在没有什么好讲的。

大家看看福山的那本书,中国现在有翻译本,叫作《政治制度的起源》,他讲得非常好。我这个人眼高手低,看的东西很多,但是写的东西很少。现在翻译好书的人很少,这本书值得一看。因为第一次看的时候,政治学家用的全是人类学的话语写,所以我觉得你们搞人类学的可以把这本书好好看看,就是福山的这本《政治制度的起源》,其意思就是政治学的终结。政治学没什么好研究的,就是问责。这本书讲到,西方人没有想到,也没有作好准备。西方非常的自信,不管他们做什么,无论是成就还是霸权地位,还是价值观,所有这些东西,包括中国向他们学习。我们谦虚地向他们学习了三十年,争取把一些人送出去,他们过来的人我们上面还要见面。过去来一个外国教授我们的领导人都要见面,比如获得过诺贝尔经济学奖的人我们都会去见。我们非常的谦虚,因为人家很先进。就像我们的邓小平讲的,这就是我们的战略。因为他们没有准备好这个事情的发生,突然之间我们变成一个世界第二。他们没有算账,我们自己说我们的城市很发达,但是我们的农村很贫困,所以他们就相信了。现在他们一看,觉得我们中国不像我们自己说的那么贫困。农村高速公路通了,我们自己就会说我们的高速公路虽然通了,但是我们的老百姓还是很贫困。现在西方人再也不相信,他们就说老百姓在哪里都是贫困的,你们不要给我们讲这个。现在他们不相信我们的话,他们直接跑到我们的四川和贵州这些地方去看。他们知道我们哪些地方贫困,他们知道贫困的概念,而这些概念都不是我们说的那个概念。他们现在反应过来了,现在西方反应过来了。他们反应过来什么了?他们反应过来我们的这个制度对他们产生威胁了。这个制度虽然从理论上从来没有否定西方的这套东西,但是实践上已经比西方强起来了。为什么?比如我们的中非论坛,有五十几个领导人,红地毯从天安门铺到人民大会堂。我们的方式是什么?就是你们可以带着家属一起来,所以非洲人都来了。他们来了以后,我们以国宾的礼仪来欢迎他们,招待他们。他们到这里来就是兄弟,我们叫他们为非洲兄弟,有时我们中国人叫他们为黑兄弟。他们非常高兴,这个时候我们的文化就彰显出来,中国人的人情味就体现出来。中国文化彰显出来就是热闹,但是西方人就是不懂这个,他们没有见过这个。因为他们一就是一,二就是二,你该拿钱就拿钱,该干什么就干什么,你们怎么来这么一套。这就是中西文化的区别,西方人不知道是怎么回事,他们慌了,就遭遇了。

中国和非洲的再遭遇从某种意义上来讲,从现在来看我们还不能说是遭遇,他们会发现双方在很多问题上存在伦理价值的相容性,他们很好理解。我在坦桑尼亚的时候,他们就说总理可能快下来了,就跟我说他们能不能在他的家里面搞一个宴会,把我们的中资企业叫来,能不能给他的家乡建一所学校。我们的大使说好,就在总理的家里面举办了一个宴会。大使捐一笔以后,这些企业都捐了一些,于是筹资两百多万美元。中国人在这些方面也是一样的,比如总理快下来的时候,我是不是给我的家乡建一所学校。所以我们觉得这个事情是这样的自然，感觉是这么的亲近。这件事在欧洲人看来是不能理解的。你会发现非洲当官的人结束以后，他们回到村子和到部落里面能空手回去吗？你必须带一点东西回去，这在中国司空见惯，这是人情世故，这不是腐败。腐败在中国层次要高一点，这不是腐败，这是人情世故。其实非洲也有人情世故，当我们碰到一起的时候，我们就可以理解。如果用这个想法跟西方打交道，他们觉得这是不行的，这是不符合他们实际的，他们做不到这个。西方人叫这个是腐败，我就说这不是腐败，这是人情世故。我在这里绝不是说腐败好或者不好，我在这里说的意思是人类学和社会学不了解这个，其实这是一种文化，所以我们说这是遭遇。我们的习近平主席 2013 年 3 月当选主席以后，很快我们驻坦桑尼亚的大使就去了坦桑尼亚总统府。中国大使很高兴地告诉总统说我们的主席习近平先生要来非洲进行访问，而且我们来非洲访问的第一站就是坦桑尼亚。当时坦桑尼亚的总统听了以后特别高兴，至少有十几秒时间都说不出话。中国人厉害，因为中国人和非洲人在很多层面上有相同的地方。他们觉得你对我太好，我太需要你来了，你来不给钱都可以，你来就是对我最大的支持。就像我在那里，那里的省长就对我说你来真是太好了。他说来了他们很感动，他们说不出话了，他们这种对文化的表达在西方制度里面是没有的。西方制度是理性的，你来干什么，我来干什么，这些都是很清楚的，没有什么东西是说不清楚的。我们这个是黏黏糊糊抱在一起的，这些东西黏黏糊糊，我们说不清楚。我们说不清楚新遭遇，我们会说好有意思。我在坦桑尼亚的时候，步行从住的地方到办公室，沿着路走时，路两边修自行车和卖报纸的黑人，会冲我喊，和我打招呼。习主席去那里的时候，从住的酒店步行到国会总统府，这一段路程他们总统陪着。习主席沿路和这些人说话，是非常亲民的，这给他们留下了什么印象？非洲人和中国人一样非常的相信面相，他们说主席一看就是好人。

我们现在回过头来反思，反思什么呢？就是第二个问题，这个新遭遇实际上在某种意义上不是形成新遭遇，第一次也没有形成遭遇，遭遇是西方人给的遭遇，在结构上形成了遭遇，我们这里面还没有形成遭遇。它们碰到一起，碰到一起以后就是两个解读，我们与非洲关系的构建概念没有形成。什么叫作构建概念没有形成？西方在非洲构建概念形成的结构是：你落后我先进，我跟你的关系就是上和下的关系，我帮助你们解决问题，你就得依靠我们。这样一个关系构建形成后,到今天也改变不了。我们与非洲这种固化的关系构建还没有形成。这种关系到底是一个什么样的结构模式,我们现在说不清楚,我们只是远远地站在那里。1990 年我在非洲做田野的时候,他们把我叫作白人。他们没有见过黄种人,就像现在我们这里比较白的同学,其实和欧洲的白人没有多大区别。我们的头发是黑的,所以他们说我们是白人。今天他们不说我们是白种人,他们会说我们是中国人。什么是中国人?他们觉得中国人比欧洲人好,中国人对为中国服务的黑人好。中国人喜欢送礼,中国人比较喜欢帮忙,中国人不休息、不结婚、没家没小孩等等。中国人出国前都会打一种针,这种针打了以后男的女的就不会想对方了,中国人如此如此,中国人这般这般等等。这些都与中国人有关,但彼此在相遇的几十年里面没有构建出来一个有概念的关系体系。在没有构建出来这样一个关系体系的过程当中,这个关系在受到各种因素的干扰。所以在这样的干扰之下,我自己经常会在这样的场合出现,我也会开着这样的车出现,我们会看到越来越多的中国人在这样的场合出现(图略),就像我们在电影里面看到的一样。大家可以看一下这个网站,叫作"非洲的青山"。

我有一个朋友他在非洲专门研究狮子,现在他已经成了一个狮子专家。他知道狮子的名字,知道有多少只狮子。他以前在大使馆工作,后来就把工作辞了专门做这个工作,就是专门研究非洲的狮子。我在坦桑尼亚的宾馆里面见到一个年轻的女孩,我说你来这里干什么?她说她来这里就是旅游。我说你是一个人来这里旅游吗?她说一个人。她说在北京烦死了,挣钱好累,还有污染,这里的环境真好。我说你这是在寻求新的目的地。二十几年的时间变化如此之快。这种情景再一次说明我们就是要走出去,我们的文化要走出去,就是这个东西。然后就是中国人看世界,我们不能这样看世界,我们必须这样看——这是我工作的一个农场(图略)。中国人,我们已经从望远镜看世界形式转化为低头看世界的形式,我们的感受,人与人的相处(都在变)。这是我自己,我在非洲种植玉米(图略)。今年三月份我在玉米地里面,就是在最干旱的时候,我们布置抗旱,非洲人不会抗旱,我告诉他们怎么样在地里面抗旱。这些东西就不是望远镜了,我们自己要进入他们生活当中。我们以自己的方式进入了非洲,扎根到了非洲。我们从来没有像现在这样实际深入到乡村生活中去,以中国的思维方式和资本形态深入进去,没有任何外国人的钱和任何外国人的思维就这样进入进去。

我在当地建立了一个中心,这是第一个建立在坦桑尼亚村里面的学习中心,还有村委会的办公室等。过去是一个很破的房子,现在我们在这里建了一个新的房子。这个是村子里面的,上面是一个培训的地方(图略)。我们给了他们很多的设备。村子里面我们也进去了,我们以不同的方式进入了非洲的整个社会。我们的进入使得我们的遭遇感不是想象的那样强烈,就是你到了以后,他们觉得好期待,好像他们就不再依赖别人。到了那里以后,我们觉得不存在西方人对我们的那种不信任,没有说不让你干什么。我们也不设计一个什么框架,或者什么年度的报表,我们没有这样的东西,我们完全是中国式的。我们就是带着钱去建设,建好了就交给他们使用。然后就是在玉米地里跑,一家人种多少地,就这样设计种植。这样种植了三年,他们的产量从一英亩四袋提高到现在一英亩十二袋。其实他们是没有什么投入的,这和西方不一样。这就是挑战西方。这就是我们在那个村子里面做的事情,这里的农民非常的高兴。

不管怎么说,中国在非洲的新遭遇,今天我所讲的就是一个非常宏大的叙事,在这个宏大的叙事里面我还没有很好地理出思路。但是这里面有几条线索我和大家一起讨论。第一个线索就是今天中国在非洲的呈现是一个在经济全球化条件下的一个新型资本形态的扩张。资本的扩张必然扩大中华文化的影响。西方就是害怕这个,因为他们了解这个,中国人不知道,但是西方人知道。现在我举一例子来说。我们的工厂工人罢工,罢工一天就是1200美元损失。怎么办?我们工厂的领导就跑到县里面去找县长和找专员,或者找领导,这就叫作中国制度。到那里以后就说,你们必须想办法解决问题,你们必须到工厂里面给工人解决问题。这个问题解决以后,这样就可以提高GDP多少,产生的就业有多少,你这样每天一折腾,你们的税收就会少很多。我们就这样给他们讲,但是黑人根本就不知道这些事情,他们的县长根本就不管这些事情。他们去以后,就解决问题,让工人不要再罢工,谁要是罢工就让警察抓人。但是中国人就会说你不能抓人,这人不能抓,我们怕矛盾激化。西方人不会这样干,西方任何一个企业罢工都不会找工人去谈,而是找人和工会去谈。工会最后说不要罢工,于是就不罢工了。我们不找工会,我们直接去找专员,叫专员是不是可以把工会派遣来的人叫出去。县长就说这个他弄不了,因为这个人关系到他们的选举,县长的选举是由他们定的,但是县长等这些人会想办法来做这个工作,这就是文化影响。

今天我简单地把我自己研究的一些宏大的背景里面的东西提出来和大家交流,也就是把所有的简单的东西和大家交流我不是做民族志,我是做微观的。我把一些简单的叙事纳入,想说明的问题就是,如果中国经济保持三十年高速持续增长,中国很可能会变成世界的主导。当然,前提是中国能把今天的这些问题解决好,比如污染、环境、人口、贫富差距等。

我今天就讲这么多,谢谢大家。

评议与讨论

潘蛟:我们现在开始我们下半场的讲演。还是按照我们的惯例,我先谈一下我自己的看法,以及今天听讲演的一点心得。我觉得今天的讲演对我们以前关于发展和资本的扩张的看法,带来了新的刺激和新的想法。这些想法让我们对以前一些旧有观念有一个改变。在这个讲演里面我能听到的一个就是,中国在这几十年里面确实发展了,确实变成为第二大经济体。李教授讲的东西和我们以前听到的关于中国在非洲的情况是不一样的。李教授是很坦率地承认,我们国内对于财富的积累和扩张问题。但是对我来说,这个问题有意思的地方在于它的扩张方式不一样,做法不一样。我们能看到,同时也让我们反过来想,中国的发展和既有的关于发展的陈旧说法也不一样。在中国的发展中我们能看到一些不像西方说的那样,即他们认为发展没有腐败,是依靠一个冷冰冰的制度,依靠所谓的一个文明的制度。发展的过程是人与人之间关系的一个互动的过程,它的有效性在这个里面。大家面对这个问题的时候可能想到,就是我们在批评中国腐败和人情关系的同时,也是中国发展最快的时候。这个听起来好像是一个悖论,但是通过李教授的这个讲演,我们也能看到中国好像是把这一套东西带到了非洲,就是把中国的方式带到了非洲。这样的东西,就对关于发展是以西方为中心的观点构成了挑战。这个好像还是一个中国经验,还有一个是中国方式。中国方式不仅在中国获得了成就,而且这种方式还在蔓延。当然李教授在谈这个问题的时候比较保守,是说最后这样一个蔓延会是一个怎样的结果,这个还是要思考和探索的问题。现在我们也看到,在我们中国的发展过程中,比如家族企业和关系人情等,在这个发展中的作用是不是也可以让西方社会人类学对他们以前理论作反思?在这之间能否构成一种链接?总之这个讲演,让我觉得受到一些刺激,对这些问题可能以后会重新来思考。这就是我今天在听这场讲演的一些感受。现在我的发言结束,我把时间留给大家。大家有什么评议和提议都可以举手。

关凯(中央民族大学民族学与社会学学院副教授):我先对潘蛟教授的评议作一个评议。其实意思可以总结为一句话,就是中国经验都干什么,中国经验干什么了。这里讲得非常好,我们一直认为中国政府在处理东部问题的时候有一套,不管是不是有一套理论,只要是与东部汉人有关的问题都是有一套办法。我们会说我们不太懂西边的事情,其实是我们很自卑地说我们在北半球,我们又在东半球。我们现在到西半球,到非洲去。但是听了这个讲座以后我就有一个问题,就是我们看到中国人的海外扩张有两条路径,一条是温州人的路径,这个完全不是国家层面的路径,完全是民间网络金融到非洲去,所以不会遭遇到华为在美国遭遇的问题。非洲除了中资公司和国家机构还有比如林毅夫借助国际组织的扩张,这其中民间力量和国家力量到底是一个什么样的关系?

李小云:这个问题非常好。我在这一个小时里面没有办法把这个问题讲清楚,这个是挺复杂的东西。

不管是今天的温州人、东北人还是新疆人,不管你任何的一个人跑到非洲去,比如我们开的一个小饭馆,我们遇到的问题都是和华为遇到问题是一样的。因为什么呢?因为我们任何一个人站在非洲,我们就是代表中国,这个背后的符号就是国家资本。我们有钱,他们就说中国有钱。当然这个问题就与我刚才叙事说的几个概念是一致的。潘蛟刚才讲的是非常对的,我承认我刚才讲的。但是这个形态是与詹姆斯公司资本形态不一样,因为什么呢?我们大家知道,第一代工业资本主义是商业资本和工业资本,特别是商业资本绑架了政治。东印度公司绑架了英国政府来搞鸦片战争。绑架什么意思?印度的总督都是东印度公司来任命,而英国女王是来告诉他们的。这是一个什么?它是一个民间社会主导的历史叙事,你不要以为是资本主义。资本主义其实恰恰是资本主义公民社会。为什么很厉害？他们的民间为什么很厉害呢？为什么会有权利这个概念？为什么会否定这个概念？为什么会否定宗教？我们上次讨论宗教的问题，核心就是宗教约束了我的资本主义精神。资本主义不是国家论的，资本主义是老百姓的。老百姓要发财，这就是理性。我一直强掉国家资本，我不好意思说你不能管他叫作资本主义，这是一个很特殊的东西。最近有很多的动作，相当大的动作，西方人看到会害怕。这个事情他们理解不了，他们觉得你怎么有这样的力量来做这样的事情。这是我的回应。

张海洋（中央民族大学民族学与社会学学院教授）：李老师你好，我自己的感觉和潘老师一样，就是比较震撼。我的问题有两个，一个是我们在内亚这块没有解决好的情况下，我们怎样还能挺三十年，如果没有一个比较好的调整的话。另外一个就是非洲，因为非洲我没有去过，你已经走过，又扎得那么深，农业、手工这两手都是中国历史就很擅长的东西，就是说我们成功的概率还是比较的大。如果是做比较大的工业，我们是不是有同样的优势？到目前为止，我的感觉就是去英语非洲地区的人比较多，这跟我们受的英语教育有关，但是对法语非洲地区，就像阿拉伯这一块，就是信仰伊斯兰教这一块，我们在这一块是一个什么样的情况？就是在面对法语和伊斯兰教的时候我们是不是有同样的效果？进入这样的地方我们会不会有一定的障碍？换过来就是让我们的回族和维吾尔族的人到这个地方去做，是不是更有优势？谢谢。

李小云：这个说得非常好。张海洋老师可能知道，我们在非洲的存在源于平等。中国在非洲的构建首先是政治，第二是经济，第三才是文化。这个构建是有次序的，非洲人接受这个构建次序。第一个构建，政治含义就是中国长期支持非洲的民族独立。这个民族独立包括什么？包括母语非洲，包括英语非洲和法语非洲，而且这个首先从法语非洲开始。这个构建的历史他们是忘不了的，是一代一代传承下来的。我们早期给予法语区非洲的支持非常多，这个东西非洲始终是不会忘的，你可以说中国在"吃老本"，你可以说非洲依赖我们，这个你都可以说。第二个是经济。我们在非洲，哪里有生意我们就到哪里去，我不管你是什么。其实我们在法语非洲地区的合作也很多。西部非洲和东部非洲不一样的地方在哪儿？就是法语非洲没有国家，法国殖民时期没有形成国家的概念。东部非洲是因为有英国的殖民,所以把政府的概念也给他们了,这些地方的非洲人有政府的概念。西部非洲是没有银行的,国家是没有银行的,只有一个西部非洲联合体,每一个国家用的钱都叫作西非法郎。一个国家没有银行什么意思?一个就是不能发行货币,二是不能以主权国家的主体名义来借钱。不能发行债券,其实西部非洲的经济独立到现在还没有解决,这个是很难的问题。东部非洲不一样,其实我们的概念是这样。我们第三步构建的问题才是你刚才提的问题,就是文化的构建。

文化的构建,其实我们的文化构建很弱,我们与他们既没有统治的关系,也没有入侵的关系,我们没有任何殖民的历史,文化的冲撞面不是很大。东部非洲,以穆斯林为主,包括坦桑尼亚和其他的一些国家。我们和穆斯林的人打交道非常容易,这是非常好的,我们这个国家与穆斯林这个民族的敏感性很高。这些人到了中国以后,第一件就是不能有猪肉。这个东西已经进入我们的血液中,所以我们就很自然地带出去。相反,我们对基督教问题有一定的不适应,觉得基督教不是他们的教,是西方人的教。其实看法是不一样的,这个中国人是有差异的。其实我是不大同意,我在上次说到,我感觉到他们在继承自己的一些东西的时候,我们根本不去理会,他们处理这些问题是有一定智慧的。

我们在非洲做的很多事情与西方在非洲做的是不同的。中国人到非洲以后,包括领导人也好,从周恩来开始,就是解决问题,与我们在上午讨论的问题是一样的。第一个,你不能以大国自居,不能以富人自居,要一视同仁。非洲人怎么生活,我们就怎么生活。我在赞比亚的时候,有一个干活的黑人,他对我说他想请一个大使馆的领导人吃饭,我说没问题。这个人就诚惶诚恐地来了,他站在那里不敢说话,我们的大使走过去说“兄弟好”,这个人感动了,他说他不想敢想象美国和英国的使馆领导人或者专业公署会和他握手。西方最大的梦就是构建一个完全不平等的一个社会,我们从刚开始就没有构建这个东西,说非洲是我们的好兄弟。有一个电影,是民族人类学的电影,叫作《中国遭遇非洲》。这是几个伦敦人拍摄的,拍得特别好,还得了人类学的奖。一开始是一个声音很洪亮地说,中国与非洲有兄弟般的友谊。

梁永佳(中国农业大学人文与发展学院社会学系教授):我问一个简单的问题。我觉得我联想到很多,一个问题是对东南亚的问题,实际上是有两个问题。第一个就是现在中国进入非洲的模式,我也是第一次听李老师讲这个,很显然这是在中国移民历史中从来没有出现过的东西。以前都是温州模式,非国家支持的海外移民,这个规模非常大。但是现在的模式怎么样来描述它?第二个层面的问题是东南亚也好,在其他的地方也好,其实这种区域化的形式是很明显的,这个区域化的模式在东亚是很少见到的。东亚越来越紧张,而其他的地方越来越缓解。这样不断地区域化过程,其实还是一个资本化的过程。尽管它们有不同,但是它们的逻辑差不多。今年我又重新读了一遍马克思的《资本论》第一卷,他描述的与现在社会一点也不差。其实讲的还是一个资本商品向未知转化这样一个问题。不管你怎样讲,它们都是在做这样的事情,而且不管什么文化差异和历史差异,模式都一样。虽然有中国的资本模式,有美国的和欧洲的等等,还有世界上其他国家资本的模式,但是它们其实都一样。现在问题来了,就是中国在非洲的存在是不是可以超越这个模式?如果超越这个模式,它到底是一个什么样的模式,我们怎么样描述它?可能这个是我自己特别感兴趣的问题。

李小云:其实马克思在《资本论》里面没有详细地讲资本主义之外更多的东西。马克思的主要贡献在于对资本主义制度本身作的进一步的政治经济的批判,但是马克思主义确实是在讲这样一个东西,就是主要讲最大的问题在于内部问题的深化。他当时的作品用德语翻译为英文就是一种升华和穿透,他发生的一种穿透就是我们今天讲的转型,比如农村的转型、农民的失业和土地的流失等,这些一定会发生转型。第二就是一定会发生资本的向外扩张,就是这两大特点。

中国现在是什么?中国现在就是你被美国剥削,又被欧洲剥削,还被很多国家剥削。中国与很多国家的贸易不平等,只要你的贸易是有逆差,中国都是被别的国家剥削。比如中国与韩国的关系,就是有很大的逆差,就是被韩国剥削。它是两层的剥削,第一层的剥削是贸易上的直接剥削,第二层剥削就是技术手段的垄断,就像三星手机。他们就是这样地剥削我们,我们就是不能说中国就是新帝国主义和新的资本主义这个概念。这就是我不同意的地方,就是结构关系不一样,前提与马克思的分析不一样。

人类学家到了非洲以后很关注做生意,问做餐馆的人有多少,其实这样的人有很多,但是很大程度上还是遗留了温州模式这种形态,就是哪里有机会就往哪里跑,挣一点小钱。其实对当地也有一些影响。但是真正的影响不是我说的这些,真正的影响是我说的国家资本。这个国家资本影响很厉害。它移到非洲的钱是很多的,这不是一点点的钱。外国人不了解,他们说我们在给非洲回礼,你看他们的经济不好,你们就这样一直给非洲,非洲这样的贫困,还不了债。其实西方人不明白,他们不知道中国是怎样算账的。我们的贷款是优贷,你慢慢地还,再不行我就减少一点钱。为什么我不担心把东西扔在那里,因为那是我的资产,不行的话你可以抵押给我,不管怎样都是我的东西。其实这个账怎样算都是合适的,除非在一个情况下就不行了。什么情况下就不行?就是在经济结构有很大的转型情况下。

什么意思?比如政策允许生两孩。大家知道,允许生两孩就意味着明年有更多的小孩会出生。这一千万个人口就会有一千万个小孩出来。一个小孩要花费多少钱,要买多少小孩衣服和小孩车,所以我提倡不生小孩提高增长点,不能搞别的东西。除非这个资本一下子回来,我们重新投资。但是我们现在是全面的过剩,什么都是卖不出去。这个情况大家知道吗?所以这个是我们不管做什么学问,我们都不能离开这个大的背景和这些概念。

学生:老师你好,我们对非洲资助很多,其中有国家资本的进入,也有个人资本的进入。你刚才说中国人在非洲有很多,有做生意和开餐馆的,总之中国的文化对非洲影响很大。我想问的是,在日常生活中,我们中国文化对非洲来讲到底有什么好的方面和什么负面的影响?

李小云:非洲是这样的,非洲人对于外界世界的构建还不是一个生意伙伴这样一个概念。他们对外部世界的构建是一个富人,对教化的概念是一个穷人,他对教化是一个穷人的心态。由于非洲人对外国人的构建还没有转化过来,他们与我们中国人构建是需要一个过程,所以他们觉得我们来到他们那里就是在抢他们的生意。欧洲人绝对不会做这种事情,我在非洲看不到一个欧洲人在非洲开餐馆的,我真的没有看到。我看到意大利的人在北京开餐馆的人特别多,中国人不在意。

我们没有被殖民的历史,所以我们对外国人的构建不在意,我们不怕他们。我们虽然有被半殖民遭遇的历史,但是我们没有被殖民的历史,韩国有过,我们没有。我们中国的很多地方没有被西方的东西污染,所谓的半殖民也是一种说法,确实从严格的意义上来说的话是没有的。比如我的父辈没有被学英语的经历,所以我们没有这样的概念,外国人来以后我们没有这样的概念。非洲觉得你很好,但是看到也很烦。比如他们看到你对他们修建学校、教堂、搞培训班等等,他们是很高兴的,这就是对的。但是他们觉得中国人来后都是开餐馆的,还种植他们的地,这个不对。我在那里认识有一个叫老胡的人,就会说几句英语,他英语里面夹杂着当地语言,当地人听得懂,我们听不懂。他们认为这不像你们中国宣传的,不是中国人改革 30 年发生了巨大的变化,为什么来到这里的人是这样的?其实他们这些人比我们本地还穷。非洲人他们的心里面形成一种反差。为什么?因为这和他们构建的中国是不一样的。

非洲关于中国的历史构建是什么?就是铁路工人。你和非洲人接触,吃住用都是自己的东西,这就让人家不能接受。你到坦桑尼亚的铁路去看看,中国人的历史基点在非洲就是帮助他们。改革开放以后变成了什么?就是互惠互利。这个 20 世纪 80 年代的互惠互利就让非洲的人今天都还没有缓过神来。最近 10 年他们的领导层缓过神儿了,以南非总统为代表。他们很多国家领导人清楚地看到了这个,就是我们讲的非洲的知识分子,他们说中国提供给他们一个选择,中国为他们提供了一个不同于西方的供他们选择的一个模式。更重要的是为他们提供一个什么呢?就是为他们提供了一个叫作选择性的发展。什么叫作选择性的发展?就是西方人给他们钱,给他们优惠,20% 的年利率 30 年的优待,这个就叫作软贷,利润率是 4% 到 17%,剩下的就是补贴,美国人是有补贴的,甚至加上 30% 的实际价格等等,再加上非洲的 30% 的地缘,这就是西方人。中国人是什么?我们中国人不玩这个,我们来上 15 年或者 20 年,延后 10 年也是没有问题的,但是中国不提供免费的 30% 的利润率。我们就说我们也穷,我们也是和你一样很穷,但是我们可以给你优惠,这个和西方的不一样。

大家问我为什么西方人要这样呢?欧洲人的钱越来越少,假如你要给非洲的人提供一点钱,必须要通过议会,而且要辩论,这个钱要附加很多的条件,要把这些钱花在非洲一个国家,这个国家的总统恨不得每天得向他们报告,每天报告这个钱都花在什么地方,他们觉得这样很烦。中国人什么都没有,他们和我们谈,他们向我们借钱,我们就问要借多少钱,我们就直接给他们钱。中国人为他们提供的东西就是这个意思,非洲要的东西也是这个东西。我们的政府不支持各人行动,但是我们管不了这个,现在出国也管不住,地方政府支持。人员出去挣钱就挣,他们管不了。

其实这个不解决我们中国的什么问题,比如温州人出去能解决我们中国什么问题。温州人出去只能解决个人的问题。他们出去了,他们只是成为当地的富商,这是改变不了什么的。但是对于国家来讲,就是解决了我们的资本问题。

学生:老师你好。你刚才讲的关于非洲的这个问题我很感兴趣,但是我更感兴趣的是你刚才说的,我们在信息量和知识量方面都是受限制的,那我们这些后辈在做研究的时候,是不是我们只能跑到西方去跟人家搞?

李小云:我有一个朋友跟我说,你叫上一大批人去研究西方。西方没有中国粉丝,你们接触一下美国,接触一下民族志。我现在想,我们的一个义务就是我们不能再当研究的对象。什么是研究的对象?就是我们不能再听西方人类学家来告诉我们做中国这样的研究。我从来没见过任何一个民族志能够把西方里面的东西写得那么淋漓尽致,不管是过去还是现在。你们大家能说出来几本书吗?比如德国和美国。美国有一点,但是大多数都是写黑人和印第安人,写白人底层的有,但都是一点点。哪有一个写克林顿肮脏事情的,你们以为他不肮脏。写英国剑桥的那些教授一天的生活,这些都没有。写任何一个中产阶级的一个东西都没有,写资产阶级的没有或者很少。就是这个知识结构和方法论指导我们在研究这些东西,而不断地生产和再生产那些垃圾。我不是说现在这些东西是一个垃圾这样一个理论,而是这样一个东西。资本主义到了20世纪40年代以后呈现一个问题,它们结构上出现僵化,就是剧烈变动停止,跟你的感觉停止一样,就是你出不来只能看自己。它就是迫使很多人出去看非西方的国家,因为西方世界的变化非常大。这个其实也不是有什么大的错误,但是这个东西现在已经变成为一个范式,即这个研究好像一定就要研究我们自己,而且你还要与我配合。我们要研究什么?我们要用我们自己的范式来研究自己,研究我们自己,这就叫作社会学。我们要到非洲和英国,或者其他的地方去研究他们,要用我们中国的范式来研究他们。范式其实在西方是没有的,但是我们非要强加一个这样的东西在里面。

中国的边境是非常 fuzzy，就像费先生说的是连着的，就像你扔一块石头就会一波一波地散开。其实哪有界限真那么清楚，你是你的，我是我的？你是一圈，我是一圈，或者你是外一圈，我是内一圈，等等，其实这都不是中国的概念。中国的概念有几条结构性的东西很清楚，即上下是清楚的，左右是清楚的，远近是清楚的，但是这个边界是模糊的，我的概念是这样的。如果边界是清晰的话这就不是中国的。如果我们不给钱，他们就说不够意思。其实每个人都说这个不够意思，那个不够意思。所以我觉得在回答这个学生的问题时候，是有这样一个问题，即我们今天在研究范式上能不能做这样一个事情，就是到非洲农村以后，我们看看这里面有没有党支部。我的学生就这样问他们，坦桑尼亚真的有党支部，他们也进行评议先进党员。我们发现在所有的西方国家都没有这样的东西。他们也是村委会，他们的村委会是怎么选举的、怎样工作的？然后他们是怎么领导老百姓工作？老百姓怎样选举领导人？等等，这些都是用中国的思维。我就说你们这帮人伟大，他们就是专门研究这个东西，他们造各种各样的名字，用很多中国土生土长的名字。这个家族是治理什么的，那个是治理什么的，他们搞了很多这样的东西，这就是中国化。我觉得这个很好，这种方式西方人也欢迎。如果反过来用西方的模式来看新主义等一些东西，我觉得这都是在瞎编。他们产生概念的水平是世界一流，产生知识概念化的能力是一流，我们玩不过他们。但是我们提供这种不同的视角，我觉得为帝国构建理论是有好处的。这个说的好像有点意思，我今天有点不敢往前说。我不是说狂言，我不是这种人，但是我感觉这是有问题的。

上面这种冲动我是从哪里感觉到的呢？是从一个商人那里感觉到的。大家知道我们上海有一个人叫作戴正康，他有一个喜马拉雅广场，他很有钱。他跟我跑到非洲，他是一个很有名的经济学家，他跟我讲了他的非洲概念和梦想及其他一些东西。我从企业家身上感觉到一种帝国的东西。这是概念，这个必须通过直接的交流才可以感觉到。能感觉到什么？就是用钱来支撑你进行很多探险性的冒险，你就觉得是需要理论。需要理论的支撑，已经有很多理论支撑了，也有很多的人在实践。有一次和一位朋友在谈，他说他在非洲转了一大圈，他到乌干达等这些地方去讲他对非洲的感觉。很多知识分子就是感觉这几年是不一样，我也说不清楚为什么。我就想为什么大家不提个问题和去关注非洲,难道非洲对中国是新面孔吗?我今天在这里讲就是新遭遇吗?其实不是,为什么大家关注非洲,这里面有一定的逻辑。这个和大家的逻辑就像当初欧洲人为什么会关注非洲一样,难道我们是吃饱撑得没事情干?我们吃不饱的时候,我们是绝对不会关注这个问题。比如像上世纪60年代、70年代的时候,我们谁会去关注这些东西,我们吃不饱谁会关注非洲。我们吃饱了就去关注非洲,我们都没有回答这些,其实这些东西都是学术的问题。为什么吃饱了就想关注非洲的问题,其实我们没有把这些东西很好地梳理。我希望在理论上给予很好的关注,我希望大家在以后的研究中可以回答这个问题。

施琳(中央民族大学民族学与社会学学院教授):其实我们现在有学者已经用我们中国的模式在研究你说的这个问题。我想你能不能说得具体一点,你说的中国真正的范式是什么?你能不能具体地讲一下?

李小云:我说的中国范式与西方范式对比是这样,我们的范式是要素性,但是西方的范式是制度性,这不一样。什么意思?用中国的范式到非洲去看问题,我们一定要按中国人的变迁范式来看问题。比如说,中国是很独特的,非洲在当地也搞了很多的经济特区,他们也在学中国。中国人到那里看一下后就提问题,其实第一个问题提得非常多,我们会说,我发现你的经济特区不是特别的“特”。西方人弄不明白,他们不会提这个问题。为什么?他们没有这个概念,这个特区一定要“特”,我们的内外不一样。但是非洲的里外一样,所以中国人到非洲去考察的时候,我们会说他们的特区不“特”。非洲的人就问特区怎么样“特”。特区里面的工人是可以随便开除的。所以非洲的人就问这个怎样弄,这是违法的,那你们的这个特区还叫什么特区,我们的特区就是不能随便开除工人。但是如果你随便开除工人,工资照样拿,我长期保障你就业不失业等等。所以这些就是中国的范式。

我们的学生到那里去,我就说你们就到那里了解这些东西。他们把村委会和党支部都弄出来,我们与西方不同,这里面有一个图片,他们把旗子弄在上面,这是在按照中国人的方式在做。他们也搞领头示范活动,这完全是参考中国的做法。西方人觉得就是特别,西方一个非常有名的学者和知识分子,他在自己的博客上面写到一些东西,这个博客在全世界都看得到。他在批评中国人在非洲做的这个工作完全是不同于西方的东西,他是不反对的,他觉得有意思,他是特别诚心实意的人。这就是我说的中国范式。如果我们不用西方的东西,这和刚才同学讲的是一样的。你不要再把《人类学通论》拿过来,不要再把亲属制度等这些东西都拿去做,我们不要把这些东西拿来做,其实这些东西都是西方的东西。你把什么东西拿到非洲去做?你把邓小平讲话,胡锦涛和习近平等人的讲话拿上。我说的是真的,我不是在开玩笑。你把毛主席的《湖南农民运动考察报告》拿上,你到那里去。比如我们搞一个坦桑尼亚各个阶层的分析,我敢保证这个比你在那里做一个亲属制度影响力要大十倍。其实这个东西欧洲人已经做烂了,这个世界是丰富多彩的,哪里只有一种知识。我不是说我们不学习他们,我们可以拿他们的东西来研究中国,以此丰富我们,但是我们出去我们就不能拿他们这个东西来做研究。这就是我跟你们说的,我非常想和你们这些做研究人的合作,你们做这种东西,我们会帮助你们。我们可以搞一个会议,比如我们在伦敦搞一个会议。人类学家有信心,我们可以做一下民族志,我们弄十个人到二十个人到伦敦去,我们在伦敦经济学院人类学系开一个会议,把他们都找来,我们来讲讲我们的创新民族志。

施琳:我觉得我们在走西方的路子,用他们的话语。我上次也跟你讨论过,我们用什么样的范式来研究非洲。什么叫作中国范式,怎么样用新的东西去研究非洲才会有新意,如果我们还用人家的东西和概念去研究是很可悲的一件事情。我觉得创新民族志是我们真的想做的一个东西。虽然很困难,像刚才李老师说的很多案例是非常的好。我想说的一点就是,他们是多样化的,但是我们又要把他们当作是一个东西,我们把它当作一个非洲问题的范式来讨论,实际上它是多元化的。刚才你说的很多个案,我们中国文化的进入或者经济力量的进入,其实在非洲是非常不均匀的。我去的那七个或者八个国家,他们确有很多的层次。

李小云:这里面有两个问题,一个是泛非洲问题,一个是非洲问题。其实这两个概念的意义是不同的。其实泛非洲化问题是指非洲对中国的意义。如果泛非洲化是另外一种意思,我同意你的说法。我们讲的非洲更重要的是一种泛非洲化的问题,这是代表一个概念,但是这个概念是不准的,因为我们不能说某个具体的国家,我对非洲来讲是没意义的。这是一个泛非洲化的问题。

施琳:实际上我是想讲,这个和我想的完全不一样。我去过几次非洲,但是每次去的感受都是不一样的,这一次去的感觉很深,就是我们去的越多感受越深。我觉得刚才同学也问了,关于国家和民间力量,其实现在民间的力量是在增长,民间的力量也是带着国家的力量去,因为很多项目是民间的企业去拿。我做经济民族志,我采访的几个国家的中国做钻石矿的人,这个企业确实是民间企业,但是他们现在就是带着很多优待的东西去做。其实民间和国家的力量是结合在一起的,而且民间的力量也在增长,好像现在有一百多万人。所以我在想我们在写这些东西的时候,对我们来讲是有极大的挑战性的。可能对中国的人类学和民族学的发展都有很大的影响和价值。我就是这样一个看法。

王建民(中央民族大学民族学与社会学学院教授):这是一个主体多元的问题。多元的主体进入非洲,我们进入非洲的中国其实不是一个中国。也就是说虽然代表一个中国的形象,不管是民营企业还是国企,还有包括李老师他们做的这个项目等等。有这种不同的关注,可能我们中国的形象,是多个形象。同时,今年我们也可能看到一些报道关于中国在新的遭遇中间已经开始有一些问题,比如绑架事件之类,还有罢工及工人之间的一些冲突,甚至是一些凶案事件的发生,包括中国人在非洲也是很容易成为被抢劫的对象。因为我的学生也是在高档的公寓里面遭到绑架,学生的钱被拿走,因为他们知道这是中国人的家,所以他们就去抢劫。因为我是完全的没有经历,不知道你怎样看待。

李小云:我是这样看这个问题的。我觉得你从理论上讲的话是多元,我自己倒觉得是一元。这就是我自始至终的说法,我是不太同意多元看法的。我是坚持一元呈现,就是国家主义。你说的那个企业到他们的地方去打官司,你要看文化的逻辑,不能看形态。这个文化的逻辑就是,我们要看国有企业、私人企业、研究者,就是不同的西方人说的代理人。西方人的代理人有传教士、海员、水手和军队。研究者也是代理人、做生意也是代理人、我们也是代理人。我们这些人到了非洲都是代理人,但我们都代理一个东西就是国家主义,就是崇尚国家主义。就像私人企业的安徽味精,他们之所以能够成功就是国家主义,这个逻辑和行为与国家企业的行为在逻辑上一样,没有什么区别。形式上我说我是一个私营企业,但是这是一个典型的文化逻辑。这个国家主义等这些事情对民权主义来讲提出了一个很大的挑战,对自由民主价值也是一个巨大的挑战,国家主义挑战这些东西。国家主义在实践上是非常有生命力的,就像伊斯兰教一样是有很强生命力的。这个国家主义不得了,它有时已经渗入到领导人的脑海中,因为它是一个有私利的东西。因为我要是当一个头,我得有权威,这个民主的东西会限制我的权威,而且这个东西有钱在支撑着,如果没有钱支撑也只是说说而已。西方人是很可怕的,这就是我们要谈的主要问题,我们主要要争论的这个问题。昨天我们在林毅夫那里,一个外国人说我们要承认为什么失败,我们还是要承认。林毅夫马上就说我们必须要坚持回击他们,就是为什么中国成功了?你为什么不说中国成功,为什么只说中国失败。为什么不写中国成功,这个用经验是可以看出来的东西。在中国这种经验的支持下,我们所能看到的这种学术张力,这恰恰就是我们不承认的原因,这个东西现在在理论上真的说不清楚,因为在中国涉及很多的东西。

精英主义是西方的概念,国家主义和国家发展性等都是西方的概念,我们是没有这个概念的。这个东西我觉得很矛盾,其矛盾在什么地方?中国这个国家从内部来看是在调整,就是在按照西方的批评进行调整,但是在调整的过程当中我们又是在固化自己的结构,不是断打一片,这就是它的特点。它不是内卷的,从改革开放到现在,从它的各个角度来看,它不是在内卷化,而是在吸纳。中国不是利益集团,对中国国家问题研究到现在为止还没有一本很好的书。大家都知道中国不是一个国家利益集团的问题,我们怎么能说中国是一个利益集团,我们对外、对内都不是。利益集团的概念不是这个,它的概念是一个,我们到了美国和俄罗斯去以后,我们就知道什么是利益集团的概念。这是相对的来讲,但是会不会受到有钱人的影响?这不是利益集团的概念,任何国家都会受到这个影响。我觉得中国政治不是经济利益的驱动。我有一篇英文文章是讲这个东西。中国共产党太强大了,其已经不只是一个党了,它已经成为一个社会。这个社会内部的制度机制就相当于一个反对党的制度机制,就是这样的东西,它不是利益集团的东西。任何不同的概念已经形成一个潜在的反对派的概念,其实就是提一个党内的不同的意见,不同的意见就是对这个的制衡,其实其内部机制已经不是一个党,党哪里有这么大。这个与前苏联的也不一样,前苏联是一个派系的东西,我们的不是一个派系的问题。实际上从某种意义来讲,就是把所有不同人都包起来了,其不用排他性,不管是有钱还是没有钱的都是包括在里面,这里面利益制衡和利益冲突就自然形成了。很多人不是很理解这个东西。我们大家要记住一个观点,中国的政治已经进入一个高水平的层次,进入一个高水平的均衡政治机制,已经是一个包罗万象的政治社会共同体,其不存在倒的可能性。前苏联的共产党从来不是这样一个植根于工人、农民、知识分子的和具有广泛代表性的东西,从来不是这样。

潘蛟:我觉得我们老师的提问可以打住了。这个事情一旦讨论起来是讨论不完的。我们以后还有很多的机会还能请到李老师来跟我们进行更加详细的东西。谢谢李小云教授。

家政工人的劳动与组织化

主讲人:佟新(北京大学社会学系教授)

主持人:王建民(中央民族大学民族学与社会学学院教授)

因为我是偏做社会学的,所以对于人类学的研究方法心理上是十分敬佩的,人类学有着扎实的田野研究,而社会学总是想在那里做理论,因此这几年我的研究也偏于人类学一些。

我今天讲的是跟家政工人有关的问题,可能这个题目并不是很讨喜,但是它的方法和对这个人群的关注还是很重要,今天主要想跟大家讨论四个方面的问题:一、我国家政工人的状况;二、有关家政工人的研究;三、家政工人的组织化问题与相关研究;四、个案研究与理论讨论。

为什么做家政工的研究?大家以后写论文可能都会遇到这样的一个问题,为什么要做这个研究?要在现实层面和理论层面完成哪些事?其实最早的时候我关注的是非正规就业、非正式的劳动方式,如搓澡工、洗脚工、性工作者等。这些用工是社会中确实存在的情况,但是又不属于任何统计里面包含的内容,有人讲非正式用工带有非法性质,或者未注册用工,但是它是我们生活中非常真实的一面。我把家政工当成是非正式用工的一个特例,或者典型,来理解非正式就业群体的劳动权益的状况。一般情况下,这种非正式就业人员的权益是十分容易受到侵害的,如何通过非个体性的抗争方式,来保证和维持这部分人的权益,这就是我为什么要研究组织化的缘由。大家都知道,家政工人是以女性为主的,比如保姆。所以也特别考虑在组织化的问题当中,性别身份会有哪些特殊的问题。所以现实层面是从这三个方面讨论的,但是在做的过程当中不断涌现的问题(使得)到今天我也在不断地寻找答案。在我写完文章之后也在跟老师们讨论,最后还是会回到"理解"的问题,理解的过程中就有个核心的问题,也就是现代性的问题。现代生活当中有关再生产的劳动是什么样子的?在现代性中有两个逻辑,一个是理性的逻辑,一个是效率的逻辑。理性的逻辑让你不断地去计量值与不值的问题,效率的逻辑要求又快又好,这两个逻辑在再生产当中会以什么方式表达出来?为什么在今天,要把家庭内部的劳动让他人去完成。其实这是一种非常传统的模式,而这个模式今天在中国又复兴,这意味着什么?从理论上我特别想考虑这个问题,同时我们又考虑到原来再生产领域里面都是私人领域的事情,今天将其公共化了,我们可以在公共领域来讨论这个问题,这意味着什么?当我去讨论组织化的问题时,性别的问题就出来了,比如家政工是以女性群体为主,她们多被想象为顺从的群体,而这个顺从的群体又是怎样抗争的?这也是我特别关注的问题。我把这个作为一个理论关怀,之后也会继续讨论。

接下来讲一讲基本状况。我把家政工视为一种典型的非正式用工。关于非正式用工的定义特别的多,包括劳务派遣工,指的就是没有订合同的或者是没有"三险一金"的工人,在中国至少有 1.63 亿人,比例非常的高,占城镇非农就业的 58%,就是一半的人口都是(这种类型的工人)。当然对于这样的统计方法(与结果)有些人也持不同意见,他们认为劳务派遣工也有合同,只不过他的合同是短期的而已。但是我觉得主要是没有"三险一金",而且现在非正式用工有个扩大的趋势。2012 年有个统计,我国家政工人大概 2477 万人,家政企业 60 万家。但我的估计数字至少是 3000 万人,它创造出来的产值是 8000 多个亿,占 GDP 的 1.77%,也就是这部分劳动也是创造财富的。当然这个数据并不足以表达出这个群体对社会所作出的贡献。也有一个研究表明,从现在各个家庭的需求来看,家政工的缺口大概 3000 万人,我后面会跟大家讨论,今天为什么对家政工的需求会这么大,这是今天中国社会变化的一种状态。在国际上,2013 年 9 月 5 日国际劳工组织出台了一个《家政工人公约》,把家政工人的工作纳入了国际劳工组织的规范的范畴里面。因为家政工人不仅仅在中国得到复兴,在全球范围内也出现了非常大的增长,而且这种增长带有发达国家和发展中国家地区间的关系。在这个报告里说明,2013 年全世界至少有 5300 万家政工,这么说来中国至少占了一半,所以可以看到我们的市场有多大。但是这个统计我们暂且只能听听,很难讲它到底有多准确,因为这里面不包括 1000 万家政童工也就是不足 15 岁的孩子。家政工作也就是在近不到百年的时间里变成了一个具有现代意义的工作。过去讲家里请个保姆,比如远房亲戚来北京为家里工作,再比如有些为家里工做了三四十年的老保姆,这种算不算现代意义上的工作还是值得讨论的。但是我们今天看到的,以服务公司为中介,家政工与雇用家庭建立一定的契约关系的就业模式基本上形成。大多数的工作,包括小时工,一开始找到的工作也是由中介公司介绍的。今天我们讨论的更多的是住家家政工,小时工那类的人群规模会更大,常常有私自介绍去的,难以统计。家政工基本都是没有合同,没有社会保障,没有医疗、养老、工伤、退休保障等等。

接下来再谈一谈家政工的特点。

(1)女性化。在国际上讲,家政工85%左右是女性,10%左右是男性。像西方有些家庭花园里除草等工作,它需要男性去从事,但是在中国95%以上是女性。

(2)文化意义上的底层化。过去我们一说家政工就是小保姆、小阿姨,那今天还是不是这个层面上的意义?保姆在中国传统意义上是有家奴的含义,有种人身依附关系的性质,所以在文化上是带有底层性质的,如果有机会自己去体验下家政工的工作的话,那种在文化层面上被歧视的感觉就会非常明显。现在有很多人会说,家政工的工资已经不低了,比如月嫂的工资平均已经到八千了,但是大学生愿意去做吗?不仅仅是劳动力市场当中工资的吸引,还包含着文化与人的尊严的问题,非正式劳动在一定意义上是在尊严上、文化上受到歧视的工作,文化意义上的"保姆"概念特别值得讨论。

(3)市场脆弱性。有一种家政工是劳务派遣型,这是政府最倡导的一种类型。就是一个家政公司,把一些妇女请过来,她们是公司的雇员,公司把她们派遣到不同的家庭里,原则上劳务派遣的公司应该给家政工人上"三险",虽然有些家政公司说给家政工人上保险,但是他们只是给极个别的几个工人上保险,然后打出这样的旗号。因为有政府也在做购买服务的问题,来推动家政工制度化操作,所以有些公司从政府那里拿到一些经费,然后开始做这样的事情,其实这倒是一个应该推进的方法,但是还是有很多的问题。还有一类是中介组织,中介组织原则上是与用人家庭收取中介费,所以这也就是为什么从市场角度,从一开始家政工人的地位就是低下的,因为中介不是跟家政工人要钱,而是跟用人家庭要钱,所以用人方就具有了一种天然的优势,因为他是交钱的一方,所以他可以提出我不满,如果理由充分,中介公司可能还会给他介绍不止三个,可能还会多加一些。那些中介型的是今天我们所普遍看到的一种家政用工模式,在这种情况下,这些雇佣者就会找些理由解雇家政工,然后让中介公司再给找新的。还有一种是自聘型,就是自己找来的,有可能就是从街上找来的,或者是家里的亲朋好友介绍来的,还有可能从老家带一个人来,所以这种自聘型的更容易被掩盖住。在我们研究中可能很少遇到自聘型的,你可能在现实中会遇到,但是如果从中介公司入手去研究的话你是碰不到这种情况的,因为他们是一个纯市场的交易过程。这种情况下,你在研究的时候会发现,有些家政工人,比如一些面临着性骚扰的问题,他们就不敢言语,因为你说出来,雇主可能会反驳,说根本不是这样,所以家政工面临的一些问题是跟私人领域和公共领域相关的。另外,他们一个最大的愿望就是希望能给他们上医疗保险,但是现实的状况是根本没有。这个是个特别大的问题,因为家政工会经常遇到医疗问题,所以一些家政公司一般会告诉家政工人,如果你的雇主告诉你去窗户外面擦玻璃,现在一些受过培训的家政工人会告诉雇主,他们有权利不出去,因为有一些相关的案例,有的工人掉下去成了高位截瘫,这个责任谁来负?他们没有工伤险,也没有医疗险。这是今天一个非常大的问题,我们也在呼吁政府做一些事情。这里有一些状况真的是非常的悲惨,我就遇到过这样一个女工,她去一个非常有钱的人家去工作,当时说的是非常的简单,就是每天擦两遍地,但是擦地不能用拖把擦,必须用抹布擦地。这个女工做了一周之后她的腰就已经抬不起来了,到处看病。人家说没什么毛病,就是所谓的腰肌劳损,但是现在她就等于失去了劳动能力,没有办法再工作了。

(4)无私人空间。任何其他的工作领域都不会像家政工一样,尤其是住家家政工,没有私人空间。我们可以想象一下,有些条件好一点的还有自己的房间,像有一些还得照顾老人或者是小孩,那就更悲惨了。后面我们会讲到,家政工人如何去创造自己的私人空间。在我们做研究的过程中,最大的困惑还有跟雇主的关系。比如我有一个博士生,后来她生了孩子,自己也请了保姆,也当了雇主,感受就完全不同了。就这个私人空间的问题,我们进行了讨论,她说,其实雇主也是没有私人空间的。所以这是双向的。因此在我们做人类学的研究进入那个场域的时候,我们会发现这些错综复杂的关系,我个人觉得更多地应该站在家政工的角度去想,因为雇主毕竟是待在自己的家里,毕竟你是雇佣者,是有权利的。

(5)无自己的组织。许多描述中都说家政工是无组织的,原子化个体,我对这个特别持怀疑态度。因为如果说中国的非正式就业人群能达到一亿多人,难道他们真的就是原子化的个人,毫无关系的去找份工作吗?我觉得这是不可能的,所以就从这个意义上去找他们之间的联系、他们的团结、他们的网络。

带着这些问题,我们来看看人们都是怎么做的研究。

我把它分为中西方的研究。西方学者的研究值得我们关注的是,首先是家务劳动的性别分工,就是为什么百分之八九十都是女性做家务劳动。美国的 Hochschild 教授有本书叫《被管理的心》(*the managed heart*)就是讲在后现代出现了一种新型的劳动,即"情感劳动"。她关注到情感劳动,服务性工作,就像体力劳动是出卖体力的,后来是技术劳动,出卖脑力。后来她又发现服务性行业,她做了一个空姐研究,就发现空姐是要被培训如何去笑,于是就觉得原本"笑"是人发自内心的情感表达方式,但是自 20 世纪 80 年代开始为什么空姐要笑,而且还是标准化的,她就进一步询问这意味着什么。原来作为空中小姐是为有钱人服务的,为他们服务就要微笑,如果你态度不好,人家就可以投诉你,现在我们作为消费者也会这样。所以她就发现,这里面是有情感的,今天我们不再只是买服务、买商品,还买了情感,微笑是要付出的。更重要的是,为了付出一份快乐给需求对象,要控制自己的情感,就是我不高兴还要让自己高兴。整个服务业都是要付出情感的,要不就会面临投诉。最后通过她的再研究发现,所有情感劳动都是家务劳动的外移,在家庭里遵循了家庭的原则,女人为老公、孩子做家务等都是投入了情感的,只是今天我们在服务场域里面我们对妻子的期望转移到了服务员的身上。

实际上今天的家务劳动的外移已经具有女性化的特征,所谓的家务劳动具有女性的天职的特征,所以职业女性就面临着"第二班"的劳动,就是女性在外面上了一天班之后还要回到家里做家务,上"第二个班",就是"the second shift",也有"第二浪潮"的意思。就是"第一次浪潮"——女权革命是让女性走进了公共领域,那么"第二次浪潮"就是家庭里面的革命,家务劳动是不是一定由女人来做,她的这本书就是来讨论这个。大家会想,这个跟我们今天讲的家政工有什么关系,其实可以视为阶级内部的分化。我们可以考虑一下,是谁去买家政工的劳动? 是中产阶级的妻子们。因为她们要出去工作,要做新女性,但是那些活总要妻子去做,所以就找到来自乡村、发展中国家的所谓的廉价的女性劳动。于是,性别研究的矛盾就有了。在20世纪60年代或80年代之前一直都认为,女性是一个利益整体,但是如果看家政工问题的话就不一样了,甚至变成了中产阶级妇女和底层妇女的矛盾与冲突,所以这是阶级问题。但是到底用不用阶级的角度,这个还值得讨论。至少我们可以看到左派的观点是剥削的,而不是姐妹情谊,也就看出了这里面的阶级分化和差异。

Hochschild最新的一本书叫作《情感的商品化》,这是研究爱情的,她认为在商品化的今天,爱情没了。她的《全球保姆链》(*The Nanny Chain*)这篇文章,讲的就是在美国有很多中产阶级妇女雇用了加勒比海沿岸的或者是墨西哥的妇女。墨西哥在美国被作为有色人种进行阶级、种族歧视,所以在全球资本主义化的背景下,出现了发达国家的职业女性雇用发展中国家的女性做家务的普遍状况,出现了类似于食物链一样的“全球保姆链”,形成了性别与阶级以及国籍、种族的纠结。她认为这个链条有三个阶梯:接受国的中产阶级妇女,移民家务佣工,因过于贫穷而无法移民的第三世界妇女。就像中国那么多的留守儿童,妈妈到城里去打工给别人带孩子去了。(这反而)把城乡连接在一起,(成为)解决我们再生产的一个链条。这一格局展现了全球市场经济的语境中再生产活动的日益商业化。

国内的研究,包括台湾地区的研究。像台湾学者蓝佩嘉的《跨国灰姑娘》研究的是在台湾的“菲佣”。这种状况是复杂的,从家乡到了台湾,带着一种解放的感觉,但是同时也是被压迫的。这就是双重的概念,一方面和雇主在地理位置上非常的亲密,没有私人空间,一起生活;另一方面心理位置又非常疏离。她们为了逃离家乡的贫穷与压力远渡客乡,但为了扩展人生视野及探索现代世界而展开旅程。然而她们的命运就如灰姑娘,是童话般的梦幻。

还有就是冯小双的《转型社会中的保姆与雇主关系——以北京市个案为例》,她访谈了十几个保姆,认为保姆与雇主的关系主要决定于雇主。在她的年龄段有种特别的感受,她比较了计划经济体制时期的保姆。在那个时代也是有保姆的,是计划体制下,官僚的一个特权,是配给制,所以这些保姆是由国家发工资的。她认为到今天,是从民主到等级制转移的。这样的保姆和雇主的孩子的感情也深，有种特别的身份，有种和他们平等相待的可能性。但是进入市场化之后，（保姆）却失去了原有的象征身份和特定生活的符号意义，因此阶级理论不适用于对国内家政服务业雇主与工人之间的关系研究。

还有周大鸣的研究。在进行东南沿海保姆散工的群体特征研究时，他认为这些保姆是散工的状况，特别讨论到保姆和雇主的关系。他们认为，与从事其他工作的散工相比，保姆的一个显著特征就是与雇主联系非常紧密，超出了一般意义上的雇佣或劳资关系。

还有很具有批判意义的严海蓉的研究。她在香港理工大学当老师，她的批判性在于对打工妹、保姆作为主体性的问题。她对保姆的研究中发现，所有的保姆在早期被招来的时候都是通过妇联，（妇联）可以被认为是最早的中介。比如北京的妇联与内蒙古某县一级的妇联联系，以扶贫的名义招当地的年轻女孩，到北京做培训。在这当中，严海蓉敏锐地发现在她们的话语里面总被提到的就是“素质”二字。在培训的过程当中总会强调“你们这些人的素质不高，要通过培训来提高你们的素质”。她们不断地告诉这些女孩，你们要发展，就是所谓的提升素质，这就在知识的层面上否定了有关再生产劳动领域里很多女性的知识。比如一些阿姨是生育过孩子的中年妇女，但是现在的家政工都是年轻的需要培训的，所以在现代性里面一个乡村妇女她们带大孩子的经验都被抹杀掉了。就像现在有很多人雇用月嫂，拒绝自己的父母给带孩子，就是觉得父母那套不行，全是所谓的这些书本上的现代的知识。这样一套现代性的理性完全把原来的知识否定了，由此创生出了一个应该被培训的、获得了资格的工人，即家政工。

还有我要特别介绍的韩会敏，她本身也是打工妹出身，后来进了北京很著名的“打工妹之家”做了一名志愿者，成了一名干事。因为她自身的经历所以做了很多的研究。他们有一个专门的家政工服务小组，发现性骚扰的问题特别多。与其他行业从业人员相比，家政服务员更容易遭受性骚扰，此类性骚扰容易导致犯罪，而且取证更难。没办法维权就只能离开那个家庭，而且还不能获得赔偿，之后还很难找到工作，而且还被污名化。比如那些照顾老人的，年轻的家政工可能不愿意去照顾老人，就只能由一些中年妇女去照顾那些老人。（她们）常常会被雇主家庭里的子女找去谈话，告知她你不要想跟我们家老爷子结婚，你可以有性关系，但是别妄想结婚，不要惦记我们家的财产,如果你照顾得好,我们可以给你钱。很多这样的家庭的子女总会认为家政工来到这里是别有用心、居心叵测,就是要勾引老头占家庭财产、要房子。在这里如何保障她们的权利。像有些老头就说,不是勾引之类的,而是真的觉得儿女也不管用,还不如找这个老太太,也挺好的,能够在一起过几年。但是一系列的污名就都出现了,包括这些子女还有把家政工打出门外的。

还有孙皖宁,她的研究是偏做媒体的,从媒介和文化产品、消费行为、日常政治等三个方面详细考察保姆工作。她是研究我们今天的媒体是如何建构了保姆的文化,同时研究保姆的消费,日常生活中的话语权。她认为雇主和保姆的态度之间是一种对弈。雇主权力的体现不仅仅是社会、经济、物质生活的优越,更主要是其对于话语权、文化符号以及象征系统的垄断。

曹晋研究了流移上海的安徽与四川籍家政工的手机使用情况,探讨了传播技术与社会性别之间的关系。家政工的手机履行三个功能:重建都市交往的社会网络、协商弹性的工作关系,异地履行母职。我(对这项研究)并没有那么乐观,但是最起码(这项研究)注意到了家政工是有其自己的社会网络的,这里既有在城市里新建立的联系,也有和家乡的联系,还有包括他们和雇主的关系。雇主和家政工的关系是十分微妙的。比如前面说的例子,有的娶了家政工或者有的是同居关系。还有的比如,母亲请了家政工照顾自己的孩子,一方面她希望家政工对她的孩子好,另一方面却又不希望孩子跟家政工的关系太好而疏远了她自己。有的孩子跟家政工特别好,有什么事儿都找阿姨,晚上也跟阿姨睡,但是就是因为太好而被解雇了。所以研究情感劳动的时候(会发现),这种母职替代产生了非常复杂矛盾的关系。还有就是家政工的反抗行为,比如高级化妆品不让抹,给小孩的苹果不让吃等等。其实有时候并不是真的偷着去用去吃,这些行为包含的更多意义可能是反抗。所以如何去解读他们行为背后的意义也很重要。她们在一定意义上是在维护自己的私人空间。

我更关注的是他们如何去维护自己的权利,以及家政工们该如何组织化,能够让他们感觉在城里面也是有地方可以去的,因此我就开始做组织化研究。我认为存在着这样四个组织,我关注了几个问题:组织类型、参与者、组织文化、组织策略、组织实践、组织效率。一共分了四类:劳工 NGO 中的家政工人小组、家政工人工会、家政工人自组织、互联网组织。

劳工NGO中的家政工人小组,以“打工妹之家”为例,领导者以知识分子为主,家政工参与。有一本书叫作《城市当中的农家女》,是澳大利亚的一个学者的研究。在书中他对“打工妹之家”作出了适中的批评,但是“打工妹之家”的知识分子们却非常的不高兴,因为当时来做研究的时候“打工妹之家”非常热情地欢迎了他,做完田野调查之后就写了这个。但是这里有我认为的很中肯的批评就是因为它的领导者是知识女性,是由全国妇联下属的《农家女》杂志,这个杂志的主编也是很有爱心的,面对这些打工妹她认为应该给予社会支持,所以建立了劳工NGO。这些知识分子也是想帮助这些打工妹。明明是做好事,但是结果可能却成了压迫性的。如何把这些家政工看作主体去组织?其实那些没有问题的家政工是不会去那里的,真正去的都是有“问题”的。这些去的家政工基本都是自己的家庭生活非常不幸的,也就是如果不在雇主家里工作,她是没地方可去的。比如有家庭暴力的、有老公在外面花天酒地的、离婚的等等,家庭生活不幸福的。后来我想写篇文章,就是觉得她们做家政工,就好像“家政工”是她们的避难所一样。当她逃离自己的家庭进入城市,如果找服务员这样的工作可能都没有办法解决她们的食宿问题,但是家政工恰恰能满足这一点,她们与其说来工作不如说是来寻求一种感情的寄托。所以我对“打工妹之家”的评价还是很积极的,至少它能让这些家政工有地方可去。我问那些家政工她们是怎么找到“打工妹之家”的,有的是通过听广播,有的是发广告,或者滚雪球等等,所以还是起到一定作用的,但是参与率还很低,每次去的人都不到三十人,一般是这些婚姻家庭有问题、寻求心理支持的人会去。

家政工人工会有三类:一类是韩会敏她们建的,就是“打工妹之家”也在建工会,她们意识到了家政工们要有自己的团结才能跟市场谈判,所以建立工会。后来说她们是非法的,因为必须是公司才能建工会。后来“打工妹之家”和一个社区建立了关系,在社区建了一个家政工中介服务公司,这就有权利建立工会了,但是现在我去看基本就是名存实亡。这是无奈的事情,他们告诉我这个公司总共就三四十个家政工,而且流动性特别的大。还有一类工会是家政工公司办的。共青团下属单位建立了名叫中青家政工服务公司,有很强的共青团背景,所以当政府号召家政工要组织化的时候他们就建立了工会,但是这个工会基本上就是个假工会,基本上没有什么活动,那些干部都是和共青团有着千丝万缕的联系的,那是个假工会。还有一类,比如西安曾经在2004年前后有大量的下岗工人,他们无处可去,政府就动员他们做家庭服务业,所以大量的人进入了家政服务行业,但是不是住家保姆,而是小时工、月嫂,这些人当时和妇联联系,维护下岗女工的权利,所以当时我和美国的学者在讨论的时候他们特别的惊讶,觉得家政工有工会是不可思议的,但是像西安这样的工会是为本地下岗女工服务的,这个工会是由国家认可的组织。

家政工人自组织,以亲属、乡土关系或宗教信仰关系为纽带。亲戚之间有自己的网络,他们之间互相介绍工作等等。像现在家庭教会很普遍,互相带孩子。所以我觉得她们的支持网络挺有效的,能最有效地提供工作机会、情感关怀、承担照顾性工作等等。

互联网组织,比如"我为家政工说句话"等这样的网名的存在。基本在互联网上呈松散的状态,看到的基本是利益的表达,表达愤怒、不满等等。

再接下来,我想谈谈关于理论问题的讨论。

(1)家政工人的组织化加强劳工的谈判能力。比如十几个人的老乡关系其实就已经能起作用了,他们有一个圈子的话其实就可以合伙一起涨涨钱。工人的力量有两种,一是组织性力量,二是结构性力量。这两种力量是影响工人谈判的力量。我认为家政工应该有这两种力量,因为需求量很高。我认为在全社会提出一个概念,家政工所付出的劳动既有体力、脑力也有情感,就应该是高回报的,这是市场决定的。但是雇主并不愿意,就是因为家政工的组织力量不够,而且有污名化的过程,被认为是雇主给你的一份工作,他们的工作被认为是不值钱的,所以劳动力的话语、知识都是有问题的。虽然结构性的力量在,但是发挥不了作用,就是因为缺乏组织性,没办法发声。

(2)现代性主体——女性主体性。女性的身体、家庭、情感与主体性,由此家政工人的组织化应是更为全面的主体参与,满足其特有的需求。

(3)回到国家与再生产劳动之关系。计划经济时代,单位制是包含了孩子抚养问题的。那时候母亲休56天产假,之后有托儿所。而市场经济下,国家、市场建立了一套话语、知识体系,不断地把孩子个体化了。过去的那套知识是"孩子是祖国的未来",所以心安理得是国家在照顾,母亲也不会觉得我没有照顾孩子有什么问题,也认为国家该照顾,所以那时候在国家、孩子、个人之间有一种国家的抚育在里面,而市场化的结果完全把再生产的劳动当作了个人的事情。而这个市场是如何创生出来的?就是国家抽离了对于家庭的再生产劳动的社会支持,这样的抽离要求每个家庭担负起抚育的责任,所以这是在中国特殊环境背景下的结果。所以我认为国家现在应该支持家庭,因为现在家庭是非常孤立无援地被放到了市场里面,不同的家庭就以不同的方式来应对市场,无非中产家庭有一个比较收益的问题,妻子要出去赚钱,所以愿意拿出一部分钱来雇用家政工,这里有一个劳动价值链的问题。这是一个连接在一起的问题,因此得从政策的角度呼吁国家。所以贝克讲的二次现代性,二次现代性就是讲个体所体现的跟身体、情感等关联的主体性在后现代社会里非常具有张力,被凸显出来,这是个问题。

今天就讲这么多,我们先休息一会儿,一会儿讨论一下。

评议与讨论

王建民:现在我们开始讨论的环节。我先谈下我的观点,刚才的讲座知识含量很丰富,在相关领域国内外的研究的观点、案例,佟新教授都作了很生动的讲解和讨论,让我们意识到在家政工人组织化研究中需要我们关心的问题,给我们一个很好的启发。我们可以看到佟新教授对整个关于这个问题的国内外的研究有个很好的梳理,这是我们应该借鉴的思路。像我去香港的时候看到菲佣的集会,是非常壮观的,而且还有专门给菲佣集会提供服务的菲佣,这就非常有意思。但是当时没有想关于菲佣的问题,但是今天听了之后就非常有启发。

我会想,这些家政工们如何在一个陌生的空间重新缔造他们的社会关系。像刚才佟新教授刚才也提到了几种方式。

另外关于“育儿文化”特别值得考虑。和三十年前不一样,那时候有讲究,但是不像现在这样,现在可以说是一种育儿产业,比如月嫂,虽然从乡下来,但是她其实是有工作经历的,然后去参加月嫂的培训,而且有的月嫂的培训是需要交钱的,上岗后就不是普通的保姆钱了。像我之前在陕北遇到的那个年轻的家政工,就准备凑钱去培训,准备当月嫂,说赚得多,至少每月八千元,有的甚至一万多。育儿观念有着极大的变化,育儿产品非常的丰富,三十年前没有婴幼儿奶粉的问题,只要是牛奶就不错了,现在产品都细化了很多,什么婴幼儿配方的、几个月大的等等,所以才会有专业采购奶粉的行业。我们由此可以来思考人的变化、社会的变化,甚至是 human nature,考虑下人的属性。

再就是在做田野工作,在城市里做田野研究,也是需要好好琢磨的。周一我去北大参加博士论文评选,有一篇论文得到几乎是全票,是上海大学的博士,研究浴场劳工,搓澡工。如果你们去研究可能就是去洗洗澡,而这个作者是自己去当搓澡工,甚至是住在搓澡工的宿舍里,完全去体验他们的生活,而且和他们成为很好的朋友。这些搓澡工也知道他是上海大学的博士研究生,那些搓澡工也觉得很稀奇。其实那个学生理论功底并没有那么深厚,但是田野做得很细致,这样就容易从丰富的资料中得到一些东西。这篇论文就把社会学和人类学作了很好的结合。所以从城市田野调查的方法论上,佟新教授也给了我们很好的启发。我们怎么样去接近家政工人,去做下家政工试试。(佟新:我有个学生本来是要去做的,但是没敢让去,长得太漂亮了,怕有被骚扰的可能,那样就不行了。)做田野当然有风险的,我们佟新老师应该也有很多经验跟大家分享,那下面我们来互动一下。

佟新:我的一个学生他做的田野挺好的,就是研究卖场里面的推销员,后来知道这些人愿意做非正规就业,比如家乐福里面做洗衣粉推销的,看起来他们是给 A 家做推销,归家乐福管,但是不在家乐福拿工资,劳动关系比较复杂。他们之所以不愿意跟 A 家企业签合同就是因为时间长了他们又给 B 家推销,他们底薪不高,但是提成多,所以可以发现有时候我们去超市买洗衣粉,你说觉得这家的不好,那些推销员不但不尽力挽留而且会给你介绍说那家的也不错,其实是两家都是他推销的,但这是违规的,原则上只能带一家。因为底薪低,他们就有的能带三家还有提成,而且他们有个小组,互相带不同的厂家,也不存在竞争关系。

王建民:就像有些家政工也一样,不愿意到有"三险"的地方做固定的工作。之前提到的那个陕北的小姑娘就很明确地告诉我她不愿意去。她说,当保姆省力气,钱多而且她之后是想当月嫂,有时候也是自主的选择。

学生:您刚讲到非正规就业的劳动谈判能力,就是两种您刚才提到的组织化、结构化力量,结构性力量是有的,但是组织化就很弱,组织化一个是他们要有组织性,也可能主体意识也是个重要点。就像我们现在说,中国有这么多的工人,但是为什么中国没有工人阶级,我们在和潘老师讨论的时候讲,可能与他的临时性是有关系的。因为访谈过程中也发现了,很多人都外出打工,其实他不是想一辈子都在外面打工的,是有个做老板的梦的,要回老家盖房子的梦,这样一种临时性的想法可能也导致他们没有想组织起来进行谈判的一个原因。我在想这种临时性越强,组织化就越弱,谈判能力也就不行。所以我想这个矛盾性在这里可能也是理解今天工人群体的一个重要的一个点,我不知道您是怎么想的。

佟新:其实他说得挺有道理的,今天的农民工没有办法经历一个无产阶级化的过程,因为有乡村的土地,对于他们来说是他们的财产,而不是马克思所说的那个无产阶级,当然这是一种解释。我自己觉得所谓的前面我们说的结构化和组织化的力量之间的关系本身,是受限于他们的工作方式、工作模式,比如传统的汽车行业、制造业。原则上的珠三角的制造业还会具有一定的社会团结的可能性,大工业生产本身内含了团结的可能,但是到了后工业社会以服务业为主的可能真的就会有分解团结的可能,因为不是大工业生产而且是面对人的时候。有些研究就认为服务业的工人原则上很难有大规模的集体罢工的集体行动,如果有大规模的市民集体运动他们会参与其中,但是他们很难自己作为主体,团结起来进行集体行动。一定意义上会认为,第三产业或服务业本身就有种瓦解工人团结的力量。我自己更赞同有另外一种东西存在,就是社会本身的话语、知识,我们已有的知识就认为农民工是在城里待一辈子,我们预设了他们是不可能留在城里的,是要回去的,我们只知道这套知识,而不知道他们可以在城里留下、买房子等等,所以在不知道的情况下就自然不会去争取、斗争获得这样一种权利;更重要的我觉得是缺少了一种可能的政治动员,这种政治动员是不可以的,所以导致我们只能在这种狭小的空间沿着路径走下去;更重要的是我觉得是受限于中国的现存制度以及当前的话语结构。看韩国工人这本书,我认为韩国20世纪60年代的民主运动最成功的地方在于完成了工人和学生的结合。这种结合不在于结合的本身,而是背后所产生的一种知识的力量,这个我们不可能有,或者可能以后会有。像有的学者持悲观的态度,认为今天的劳工NGO不是团结工人的力量,他们为了避免政治风险,就要和政府合作,表现得很乖,还有就是生存危机,要拿政府的钱,或者购买政府的服务,所以就被收编了,就成了今天瓦解工人团结的力量。它本来是好的,但是却适得其反。

学生:老师好,我是法学专业的,之前接触过一些家政工,主要关注的是他们维权的途径。刚才您提到了家政工自己的组织,我想这样的组织到底能起到多大的作用?

佟新:我刚才提到的四种组织形式,其实工会应该是最好的,它是合法的。有些地方、家政公司在现在政府的鼓励下,从积极的角度建立工会组织,而且这些工会组织要直选工会主席、代表,这才是民主化的进程。在一些沿海地区也出现了这种状况,而且这种情况下工会真的有用。自组织是现阶段有效的,但是像性骚扰等问题却很难有受到制裁的。但是有总比没有强,像美国、日本都是,有政府帮忙,至少欠薪的问题是解决了。

学生:我现在在关注一个女性生育推迟或者说是高龄产妇的问题,女性用她自身的资本去置换社会资本,但是我现在没有一个理论的讨论性的东西,希望能得到老师的启发。

佟新:其实我想问的是生育推迟到底是不是真的。不是我质疑你的命题,但是不是所有的女性生育年龄都是推迟的,而是存在于一定领域内的,基本是知识女性,所以你只能说知识女性的生育推迟,所以还要去深入访谈、观察。至于用身体资本去换社会资本,我觉得这是原因之一,可能更重要的是她对自己职业生涯的设计。我现在有学生在做女性科学工作者,也遇到这个问题,也发现生育年龄靠后,因为她们的职业发展要求她们青春期有积累,所以生育靠后,但其实其背后涉及我们对于孩子、事业、妻子、母亲一系列的知识是什么,今天我们怎么去定义什么是母亲,应该什么时候去生育,什么时候生育是好的,如何平衡家庭和事业的关系,这一系列的知识是很重要的。还有就是所谓"高龄"是怎么定义的,这些知识又是怎么来的。

我一直感兴趣的一个东西,但是一直没写过文章。我就说,母爱是被建构出来的,没有一个天生的母爱。我去问怀孕的妇女,她说,我怎么怀孕五个月了都没有母爱呢?后来有了,因为孩子对我笑啊什么的,我就觉得特别幸福,但是这是跟什么连接呢?大家感兴趣可以去做产后忧郁症的研究。大家认为产后忧郁症是怎么来的呢?产后忧郁症的人应该都是没有找到母爱的感觉的人,但是这个社会又告诉你,你要有母爱,你有责任,所以她就分裂掉了。尤其这些母亲可能身体又不好,或者孩子身体不好,孩子不舒服还苦恼。

如果一个母亲看到孩子不舒服,白天晚上都在哭闹,而且现在带孩子的知识又那么复杂,所以整个人就崩溃掉了。当一个母亲感觉不到自己有母爱,她不会觉得是社会的这套知识有问题,而是认为自己有问题,所以就会忧郁。从文化批判的角度看,母亲无私奉献的文化其实是对女性的压迫,不是说母亲不该奉献,但是这种文化要求你去奉献的时候,其实是对你的压迫。还有就是(年龄的)推迟,年轻的时候不想要,后来又想要了,其实有时候是一套知识的变化。那套知识是怎么变的可能更值得讨论。

王建民:这个很有启发,佟新老师告诉我们,到底是按照学科的理论来建构一些东西,还是面对实际的材料来思考问题?可能(后者)更具有批判精神。

佟新:在做访谈的时候,被访者说的一些东西可能会跟你的(想法)不一样,这个时候要追问下去,可能就是跟你的这套知识不一样。所以这个时候就要追问他的逻辑是什么样的,知识的产生过程是什么样的,这就是闪光点,也许他用的词就成为了你的一个概念。

良警宇(中央民族大学民族学与社会学学院社会学教授)**:**非常感谢佟老师的精彩讲座,对我的启发也非常的大,因为我现在在做穆斯林人口流动的问题,穆斯林的餐馆。我在想他们的组织化问题,从他们的经验来看,像刚才您提到的四个组织。但是还有另外一种,就是地方政府之间的张力问题,比如流动人口源地的政府和比如北京政府之间他们的张力也很大,流出地地方政府也会在流入地建立一些以地方政府为名义的组织。像我有这样的案例,北京市的工会和流出地的政府工会有张力,甚至会有些矛盾纠纷,因为他们都在各自维护自己的利益,所以我想就这个问题请教一下。

佟新:我觉得这是一个好的视角,像穆斯林他们的拉面经济,他们在各个地方都有自己的组织、联络处一样,那个可能起到了很重要的作用。我知道的在家政工里面,像赤峰的妇联和北京市妇联合作关系,每年分几次输送一些家政工过来,所以对于像性侵的问题,当地妇联就起到了相当大的作用,有些困难的事儿她们会和当地的妇联讲,这些是带有半官方的色彩,我觉得还是很重要的角度,我之前观察过,但是没有纳入我的文章当中。你这个也提醒了我,应该考虑政府这个变量,尤其穆斯林还有自己的文化和组织。

良警宇:这些来自自治地方的少数民族,这些地级政府介入的力度相当的大,像您说到的赤峰妇联,这是合作的关系,但很多是有种竞争、冲突的关系,为了协调这样的关系向上一级部门要求怎样处理,因为地方政府都是有力量的,有组织力量、有权力、有精英。在这个过程中,这个变量以后应该发挥一个重要作用,因为在大多数研究里是没有涉及这个的。

佟新:社会学中有些偏政治的研究讨论到国家、地方、个人的关系,这是很政治的,我曾做过一段时间的社团研究。福建商会在北京特别有名,这种力量让北京市政府有些怕的地步,市场谈判能力很强。政府怕它是因为它有势力,从政治角度去谈,其实是不同利益集团如何去平衡如何去角力的过程,如果真的做这个的话,就是一个新的视角。

良警宇:我们在讨论问题的时候往往把地方政府和国家连在一起,但事实上不是的。而地方政府往往是一种力量。

佟新:是的,所以说如果真的想做这方面的问题就看看政治社会学的东西,政治社会学在讨论这些东西,挺敏感的其实。

王建民:因为时间的关系,讲座就到这,(佟教授)给我们带来了很好的讲座,我们再次感谢佟新教授!

历史与革命

- 韦拔群：位于中心与边缘的革命家
- 电报与晚清政治
- “天人合一”与“他者”：为回应某些论述而做的一部分准备工作

韦拔群:位于中心与边缘的革命家

主讲人:韩孝荣(香港岭南大学历史系副教授)

主持人:潘蛟(中央民族大学民族学与社会学学院教授)

首先非常感谢我的老朋友、老同学对我的介绍,也感谢民大民社院的邀请,特别感谢各位在寒冷的星期五晚上来听我的报告。对于我来说,来民大就像是回老家,很高兴有这个机会来跟大家交流。但是我也有两点小小的担心:第一就是怕朋友们一看见我的题目就会觉得此人不是来做学术报告的,此人是来做革命传统教育的;第二就是我要给大家报告的这点心得算不上前沿性的研究,也不是纯粹的人类学、社会学的研究,顶多算是一种边缘性、交叉性的研究。事实上很多年来,我最怕人家问我"你到底是研究什么的",到底是做历史的,还是做人类学的?我到香港之前,在美国的一个学校历史和人类学系教书教了九年,这也是美国唯一一个将历史和人类学放在一起一个系的大学,虽然把这两个放在一起,但是教历史和教人类学的老师还是分得一清二楚的。当时他们招我去的时候多少也是考虑到我有这两个学科的背景,等我去了之后系里的人还是有些困惑,教人类学的觉得我是做历史的,教历史的觉得我是做人类学的。确实,美国大学里面研究20世纪中国的学者很多都是做政治学的、人类学的、社会学的,做历史的不是没有,而是不多。我个人对学科的界限从来就不敏感,也不在乎,我只在乎我做的题目。从2008年开始,断断续续在做这个题目——韦拔群,我希望各位多多少少地了解一下这个人。

韦拔群是中国20世纪非常有名的农民运动领导人。在广西的党史学界有这样一种说法,韦拔群是中共早期农民运动三大领导人之一,另外两位是毛泽东、彭湃。在农民运动兴起以后,韦拔群成了一个具有全国性影响的人物,但是他短暂的一生大多数的时间都生活在一个很小的地方——广西东兰。

东兰是个典型的边疆地区,也具有中国其他边疆地区都具有的共同特征,其中之一就是位置比较偏远,离中越边界很近。在韦拔群那个年代,如果东兰人或者右江一带的人要去广州、香港,他们往往会取道越南。韦拔群自己就至少有两次路过越南:一次是从东兰去广州,一次是从广州回东兰。在广西省内,东兰也是处于边缘地区,在广西的西北部,靠近云南和贵州。所以我们这里是边疆的边疆。

东兰作为边疆的第二个特征是它是个多民族杂居的地区。按照民族识别之后的民族划分法,东兰这里主要生活着三个民族,即汉族、壮族、瑶族。而在韦拔群那个年代,在人们的意识里面东兰只有两个民族,汉族和瑶族,壮族当时被放在汉族里面。即便我们说有两个民族,东兰也是一个民族杂居的地区。

东兰作为边疆的第三个特征是经济发展比较滞后。现代工业一点都没有,现代基础设施一点都没有,公路是1938年才修建的,那时候韦拔群已经被杀害了。商业也比较落后,有两个表现,首先是没有比较大的商业中心,另外就是外来商品价格非常的高。之所以这么贵,是因为它们完全由挑夫从百色挑到东兰,其间有204公里,全部都是山路。所以这儿的支柱产业就是农业,但是东兰的农业也比广西的其他地方落后,最主要的就是东兰的山很多,可耕地不多,人均耕地是最少的,这就成为制约农业发展的重要因素。

作为边疆地区的另外的特征是教育发展也十分落后,特别是从内地汉族的观点来看。因为内地很多地区的科举考试从唐朝就开始了,但是东兰从1777年才开始,也就是清朝末年,而我们都知道科举考试1905年就废除了,所以从1777年到1905年这一百多年时间里,东兰只有两个人考中了举人,进士一个都没有,这远远低于广西各县的平均水平。清朝时期,广西全省考中进士的有570多人,广西的县不到一百个,所以平均下来都得有六七个。如果我们拿东兰和广西教育最发达的临桂县作比较,差别就更大了。

东兰作为边疆的最后一个特征是,在政治上、社会上的军事化程度非常高,这里有种尚武的传统,崇尚暴力的倾向。这里有三个原因,首先是土司制度。这里很长时间是由土司来管制的,一直到清朝中晚期。土司制度的起源可以追溯到宋朝,在土司制度下,土司的权威就是建立在他拥有自己的武装。明清时代广西的土司士兵全国闻名,能征善战,明朝的时候政府不止一次征召广西壮民去抗击倭寇。另外一个原因就是匪患。民国年代中国各省都有土匪,但是广西的貌似特别多。当时有种说法,广西这个地方无处无山,无山无洞,无洞无匪。大家设想一下,一个人如果想做土匪,首先要有武器,如果不想做土匪想做良民,又不想被土匪欺负,也要准备武器,所以匪患是社会军事化的另一个原因。第三个原因就是民族冲突,特别是瑶族和当时的汉族(包括壮族在内)的冲突。一直到20世纪50年代解放以后,中央访问团到了东兰,号召居民上交武器,私人不许拥有武器,很多瑶族同胞就有抵触情绪,觉得交了武器如果他们再打我们,我们拿什么抵抗呢。所以民族冲突也是很重要的一个原因。

这样的一个边疆地区就是韦拔群的故乡,你可以说他就是这个社会的产物。简单地讲,这是一个强人社会,中央政府对这个地方没有多少控制,很多时候省政府都控制不了这个地方,所以如果这里出现一个强人,基本上他是可以为所欲为的。而韦拔群到了20世纪20~30年代他就成了这个地区的强人,当然他是一个革命的强人,但是革命的强人有时候也会为所欲为。

韦拔群在走向强人的道路上就利用了东兰社会高度军事化的特点。当时在东兰有句话叫"东兰每家都有枪",引申出去就是东兰每个男人转身就能变成战士,放下锄头拿起枪,马上就可以去打仗。如果有个人能把这些人组织起来,马上他就可以拥有一支军队。韦拔群后来就成为一个很出色的组织者。

下面来介绍一下韦拔群的生平。这是我为韦拔群作的传记,书名《红神——韦拔群和他的农民革命》。韦拔群1894年出生,1932年被杀害。"红神"是他被杀害以后,当地的农民送给他的称号,他被杀害之后敌人就把他的尸体焚烧了,农民们冒着生命危险把剩下的残骸捡回来埋到离他故居不远的地方,之后在上面建了一座庙,就是红神庙,这是一个有创意、贴切的名字,所以一听到这个名字我就马上决定用它做我这个书的名字。我这本书2011年初做好了初稿交给了纽约州立大学出版社,本来是想2012年能够出版,正好赶上韦拔群逝世80周年纪念,但是现在2014年才能出来了,不过也很高兴这家出版社愿意出我的书。我的第一本书叫作《中国思想中的农民》,这两本书是有联系的。《中国思想中的农民》中是写一个群体,中国知识分子作为一个群体他们是怎么样想象中国的农村、农民的。第二本书是从这个群体里面选择了韦拔群这个人,作更深入的分析。

书的章节基本是按照年代来区分的,所以我按照章节来简单介绍下韦拔群的生命历程。第一章是他最早的20年,他出生在东兰下面的武篆镇东里村,出生的时候在村子有八九十户人家,他家是村里的首富。关于他家如何成为村子的首富有两种说法。一种是说他的爷爷持家有方,经营有道,做了点小生意,赚了钱就买地,最后买了200多亩地,在中国南方就是大地主了。另外一种说法是,韦拔群有个姑奶奶,在山坡上挖地挖出一罐银子,他爷爷拿着这些银子就买了地,就变成了地主。关于前面的20年最重要的问题就是韦拔群这样一个富家子弟为什么会走上革命,有很多的原因,没有时间一一去说,但是我觉得最重要的原因就是教育。正因为家里有钱,他的父亲、爷爷送他去上学,到1914年差不多完成了高中的教育,在学校接受了新思想,认识到社会改革的必要性,最后得出结论,社会改革的最好途径就是革命。在这一点上他和我们第一代很多共产党人所走过的历程是十分相似的。第二部分是他的第一次远行。1914年他20岁,突然就决定离开东兰,离开广西去看外面的世界。1914—1915年差不多两年的时间是在外面度过的,很多人认为他到了广州、上海、长江中下游的几个省。我们知道1915年中国发生了至少两件大事,一件是日本提出“二十一条”,一件是袁世凯准备称帝。我们不知道“二十一条”这件事对韦拔群有多大的触动,但是袁世凯称帝这件事给韦拔群很大的刺激。因为韦拔群从很年轻起就是孙中山的忠实信徒,信仰共和,对袁世凯称帝很反感。所以1915年底回到村子里的第一件事就是招募村子里的农民、小知识分子,一共100多人,一路走到贵州参加反袁运动。因为贵州军阀当时也宣布要反袁,韦拔群到了军队之后就被派到了四川,并且真的和袁世凯的军队打过仗。反袁运动结束之后他被送到讲武堂学了两年军事,学完之后回到了部队,但是也不安分,开始传播激进的思想,引起了上级的注意,后来不得不离开了部队。离开部队之后韦拔群到了上海,大概1920年左右到了上海找孙中山,但是到了上海之后得知孙中山已经离开去了广州,于是他又去了广州。到了广州之后到底见没见到孙中山我们不得而知,但他至少见到了廖仲恺、马君武,韦拔群在广州待了几个月,孙中山和广东的军阀陈炯明就把广西军阀陆荣廷打败了,于是韦拔群跟着广东的军队回到了广西。

这就是他第一次远行的结束,前后一共历时七年。这七年对他非常重要,有一些突出的变化和成就。第一就是接受了新思想,包括孙中山国民革命的思想,也包括无政府主义的思想。第二就是军事经历,打过仗、上过军校。第三就是加入了很重要的政治组织,在广州加入了国民党,后来又加入了广西一个由国民党人建立的"改造广西同志会"。最后一点是在这七年当中他也结识了一些重要的人物,包括前面说的廖仲恺、马君武,还有当时的贵州省省长卢焘,卢焘也是广西的壮族(人)。1914 年离开家里的时候可以说韦拔群还是个无名之辈,但是等他 1921 年他回到东兰的时候就是个小人物了。回到东兰之后就发动了第一次革命。第一次革命的特点与他第一次远行经历非常有关系,革命的对象就是当地的比较腐败的军阀、官僚、豪绅地主。第一次革命是抗税的运动。1923 年第一次革命就达到了高潮,一年内组织了 4 次攻打县城的战斗,最后把县城攻下来了。第一次革命我们可以说带有明显的国民革命色彩,也带有无政府主义的色彩,是一次自发的革命。虽然他加入了国民党,但是国民党并没有给他提供多少支持,也因为这样,他的革命起得快落得也快,外面的军阀就派了部队去东兰镇压他,后来他的革命就失败了。

失败之后他就决定再出远门。这一次又是去了广州,和他的表弟陈伯明,在 1924 年底到了广州,之所以选择广州是因为广州当时称为国共合作的大本营,他还是要去见孙中山,到广州之后见到了廖仲恺,被介绍去了农民运动讲习所,他们在讲习所待了几个月,但是还没等学习结束他们就回到了广西,因为当时广西又开始了新一轮的广西省内的军阀混战,他们认为这是个发动新一轮革命的机会。所以回去之后就发动了第二次革命,这第二次革命的特征与他第二次出远门也有很大的关系。在革命一开始他在东兰也办了"农讲所",在第二次革命当中他一共办了三次,显然这是从广州的"农讲所"学来的,并且他也开始组织农民协会,这也是广东一带的做法。然后又开始组织农民自卫军,之后又开始攻打县城,这样又引起外面军阀和国民党右派的警觉,试图镇压。但是在 1927 年 4 月之前(蒋介石"清共"之前),他因为有国民党左派和共产党的支持,所以国民党右派也不能对他做什么,但是等蒋介石"清共"了就开始对付他了。所以可以说 1927—1929 年韦拔群是个艰难维持的状态,他自己心里也很明白,如果外面的状态不变的话,他的失败就是不可避免的了。正好就在这个时候,广西南宁发生了对韦拔群有利的变化,新贵军阀李宗仁、白崇禧、黄绍竑这三个巨头都是韦拔群的敌人，这三个人在1929年的时候被蒋介石赶跑了，蒋介石得到了新桂系内部的两个将领的支持，这样广西成为俞作柏和李明瑞这两个左派将领的天下。他们上台之后并不和蒋介石合作，而是和国民党左派、共产党合作，邀请了几十个共产党人到南宁去，他们真正想做的是恢复孙中山所说的国共合作的政策，当时因为这个政策而到了广西的著名共产党人有邓小平、张云逸。在俞作柏和李明瑞上台不久就发动了一次反蒋运动，但是很快就失败了，失败之后在南宁就待不下去了，于是共产党人带领着剩下的军队奔向右江地区。之所以会选择右江是因为他们知道那里有韦拔群的农民运动，所以是把韦拔群看成了依靠，后来就演变成了有名的百色起义。共产党部队到了右江之后就和韦拔群的农民运动合并了，因此自1929年之后韦拔群的运动才真正变成共产党运动的一部分。他的第一次革命是一场国民革命而且是无政府主义的，第二次也是如此。但是第二次开始和共产党接触，因为正值国共合作的时期。在1926年曾有共产党人在东兰工作过，但是据说后来与韦拔群闹僵了就不得不离开。到了第三次就真的成为共产党的运动，他自己也成了共产党员。

第三次革命可以说是广西革命的高潮，也是他个人革命生涯的高潮，可惜这个高潮并没有持续多久。在1930年底，百色起义以后建立了红七军，红七军的主力离开了右江地区去攻打大城市，韦拔群被留在了右江，据说给留了七八十个老弱病残，给他一个师长的头衔，而新桂系的势力又回到了广西，而且和蒋介石和平相处，所以新桂系就开始镇压反叛势力，特别是韦拔群的革命。第二就是发展经济，到20世纪30年代中期广西是中国的模范省之一。1930年以后新桂系的力量上升，但是韦拔群的力量被削弱了，所以他的失败是不可避免的。主要原因就是政治军事上的原因，力量上的不平衡。还有两个次要原因，一个是生态原因，东兰山很多，到最后两年被新桂系部队围困在东兰南边的山区里，山区里的农民都很穷，没有多余的粮食养部队，粮食就成了韦拔群的难题，他就把部队解散了，就没有了武装，然后新桂系就派了很多小部队到山里搜缴，最后革命的领导人不是被抓就是被杀。还有就是文化因素，到了最后两年东兰地方特殊的文化特征变成了破坏性的因素，其中一个就是前面提到的尚武传统，最后演变成了滥杀无辜，造成了人口急剧下降。这就造成两个后果：一个是对经济的毁灭性的打击，地没有人种，劳动力缺乏；另外就是人心涣散。韦拔群在20世纪20年代初开始搞革命时老百姓对他的期望很高，但是到了30年代初的时候百姓们觉得生活没什么改善，而且很多人家死了人，所以越来越多的人期待革命尽快结束，好让生活回到正常。另外的一个破坏性的文化因素就是匪患，可以说造成了一种土匪文化，这与韦拔群提倡的革命文化有很大差别。其中一点就是对于忠诚的理解，共产党的忠诚是无条件的，但是土匪的忠诚是有条件的。很遗憾，韦拔群的追随者具备的是土匪式的忠诚而不是共产党式的忠诚，在初期的时候韦拔群可以给他们提供一些庇护、物质条件，那时候忠诚不是问题，但是到最后两年就不行了，于是就叛变了。所以你在读党史的过程中会发现右江地区的叛变事件特别的多。所以到了最后两年，韦拔群和右江地区的很多革命领导人都是由于叛徒的出卖而牺牲的，韦拔群就是被他的侄儿枪杀的。最后一章就是总的讨论，也是我的主题，就是韦拔群在边疆社区和民族国家之间所起的作用。一共分为两个阶段：生前，国民党时期，这个时期比较复杂；死后，1949年以后的情况就变得比较简单了，这个我们之后会提到。

这个是东兰的地形图，有三种颜色，黑色地区是土山，灰色地区是石山，白色地区是平原，东兰以山地为主。从这个地图上我们可以看到几个对于韦拔群非常重要的地点，一个是县城，一个是武篆，还有就是西山区。他势力最强的时候是在县城，在敌我双方均衡的时候会在武篆，敌人势力强大的时候就会在西山区，最后的两年就是在西山区。

这是东里村，这上面的故居并不是他真正的故居，是1949年政府重建的，算是他的故居。在这里有个有名的东里三潭，在风水先生看来这个地方是注定会出大人物的，正好韦拔群就是在这里。

这个是武篆镇的魁星楼，一个标志性的建筑，韦拔群在这里办公生活，邓小平也在这里住过一段时间。国民党在围剿韦拔群的过程中也把这里当作他们的团部师部，在韦拔群被杀害之后，他的头也被悬在这上面示众。

这个是东兰县城，建在狭长山间谷地，县城的中央是一条河——九曲河。1923年韦拔群第一次攻打县城的时候，这条小河就成为不可逾越的障碍，至少有4个手下被打死。

关于韦拔群的生平和其革命活动有很多争论，这些争论的产生有两个原因。首先是关于韦拔群这个人，他的运动我们没有太多的文字和档案的材料,只能依赖传说和回忆,但是这又有误差,所以会有争论;另外就是政治因素,不同的人对于同样的材料作不同的解释。关于他出行的路线问题,据说他写过一本游记,但是被国民党给烧毁了,所以我们也无从考证。再就是韦拔群到底是不是一个无政府主义者,大家都承认他接受过无政府主义的思想,但是没有证据证明到底是不是无政府主义者。还有就是他到底见没见过孙中山,我们也没有证据去证明,但是我们能知道他受孙中山思想的影响比较大。再有就是关于韦拔群入党的问题,有人认为是 1926 年,还有 1929 年,我个人认为 1929 年更可靠,但是还是没有确切的证据;还有就是他为什么留在了右江,我们看到的大多数资料是党的决定,但是我看到一个人留下的记录,韦拔群之所以留下来是因为他个人不愿意走。最后一点,红七军走的时候给他留下了很少的士兵,大多数人的说法是党的决定,但是现在也有少数人认为是韦拔群主动交出来的,我认为也没有多少证据能证明。

韦拔群在边缘与中心的关系里到底起到了什么样的作用?我前面说过,如果把东兰当作边缘的话,韦拔群所面对的中心就不止一个。首先是南宁,然后是广州,老桂系、国民党、新桂系、国民党左派、共产党,韦拔群在这些当中都是重要的人物。我们可以说当时东兰和南宁的关系非常近似于瑞金和南京的关系。1932 年第三次革命的失败是必然的,这是力量对比决定的,但是他的死亡是偶然的。

在边疆与中心的关系当中他所起的具体的作用,一个是传播思想,把中心地区的思想带到边疆地区,无政府主义思想、国民革命思想、共产主义思想;另外就是把中心地带的革命组织和策略带到了边疆。第一次革命时他创办的"改造东兰同志会"就是"改造广西同志会"的翻版;还有第二次革命创办了三次"农讲所",是广东农民运动讲习所的翻版;另外他也是第一个在东兰建立国民党支部的,国民党也通过他扩展到了东兰。韦拔群对共产党在东兰的发展起到了重要的作用。还有他在他的周围编织了关系网,第一张网就是外面的,包括卢焘、马君武、廖仲恺、俞作柏、李明瑞,然后就是邓小平、张云逸、雷经天;第二张网包括了右江地区的知识分子,所以他很自然地成为这两张网的交汇点。在边疆和中心之间的重要作用就使他具备了相当重要的权力和影响。他所有活动的结果在客观上都起到了把边疆纳入中心的作用,还有就是把边疆变成中心,就像延安、瑞金一样,东兰在韦拔群组织了革命之后也成为一个可以和南宁作对的中心，但是只是政治中心。

任何研究20世纪农民运动的学者都无法回避的问题，即这两个团体——革命知识分子和农民的关系到底是怎样的，谁是领导，谁是追随者。有三种观点。第一种，强调知识分子的作用，贬低农民的作用，如果没有知识分子的发动就不会有这些运动。他们觉得这些革命是知识分子制造出来的，强调共产党的组织能力、宣传能力，也可以说他们强调共产党的“欺骗”能力。在西方学者当中有认为，对共产党有正面看法，但是也基本赞成这个观点，在革命的农民运动当中，知识分子是起决定性作用的，在共产党农民运动领袖中，彭湃是赞同这种观点的，另外就是郑位三也这样认为。另外一种观点是与第一种完全相反：没有革命的知识分子，同样的农民运动是可以发生的。也就是说知识分子是可有可无的，农民也可以自己组织发动，（持这种观点的）道义经济学派是最有影响的。第三种，介于前两种之间，没有知识分子农民运动也会发生，但是不是同样的农民运动，知识分子可以改变农民运动的性质和方向。在1927年毛泽东是这个观点的支持者。至于这三种哪个适用于东兰呢？我认为是第三种，有了韦拔群，运动的方向就不一样了。另外我们可以按照同样的思路来研究民族主义运动，因为在民族主义运动当中同样可以发现两种团体，知识分子和一般的民众。

具体到东兰农民运动，其领导者是一群乡村的小知识分子，当时的高等小学、中学、职业学校的毕业生，韦拔群的追随者当中，这三个学校（东兰高等小学、武篆高等小学、百色第五中学）的毕业生是最多的。当时的高等小学比现在的应该是要高的，介于小学和初中之间的。还有就是农民运动讲习所，差不多培养了600个农民运动的积极分子。

关于韦拔群的运动到底是一场农民运动还是少数民族起义。最早对此讨论的是白崇禧，白崇禧认为韦拔群的运动是一场民族冲突。在西方有学者认为，这场运动是场少数民族的暴动。但是我认为这是站不住脚的，因为没有什么证据。首先，以当时的民族认同来看，东兰的土人（后来的壮族）认为自己是先来的汉人，客人（今天的汉人）是后来的汉人，只有瑶族是不同的民族。另外，土人也没有强烈的动机杀汉人，因为当时东兰人数很少，一万人左右，很贫穷，平均收入还没有壮族高，他们在东兰是受歧视的一群人。另外，韦拔群的追随者当中三个民族的都有，而他的对手主要是土人和客人，瑶族的比较少,主要是因为瑶族当时处在底层。韦拔群自己在生前自己的认同上,既觉得自己是汉人也是土人,他不认为自己是少数民族,他认为的少数民族就是瑶族。还有一种说法就是土人是讲土话的汉人,与汉人的区别就是语言上的不同。所以对于韦拔群来说民族平等就是汉人和瑶族的平等,韦拔群是支持民族平等的,具体的政策方面就是,首先发展民族教育,革命政府出人出钱到山里给瑶族儿童建学校;另外就是消除民族歧视,他特别反感汉人、土人用蔑称称呼瑶族。这些政策在当时也得到了广西国民党的支持,李宗仁对唐德刚(为李宗仁做口述史的人)说过,他做广西王做了这么多年从来不知道广西有壮族,意思就是说他知道广西有土人,但是不认为这是个独立的民族。另外就是黄绍竑,他留在了大陆,在 20 世纪 50 年代的时候发动建立广西壮族自治区,到 1957 年的时候被打成了右派,这就成了他的罪状之一。

再就是白崇禧,他逃到了台湾,后来他说壮族是共产党制造出来的。我们认为他是广西的回族,但是他说自己是信仰伊斯兰教的汉族。国民党的官方观点是壮族不是独立的民族,而是汉族的支系。田曙岚是 20 世纪 30 年代初期上海的一个地理教师,在 1931 年前后到广西旅行,写了《广西旅行记》。在这本书里面也提到了东兰的民族结构:有着两个民族,汉族和瑶族,汉族里有土人和客人,东兰的总人口是九万三千人。1933 年的时候韦拔群已经被镇压了,而根据我们现有的数据,在革命前的人口远高于这个数字,所以这十年间人口是急剧下降的,他说这九万三千人里面有数千瑶族,差不多一万的客人,剩下的是土人。雷经天 1945 年在延安的时候写了一篇回忆右江革命的文章,也提到只有瑶族和汉族。一直到 1950 年中央少数民族访问团到了东兰,他们写了报告,说他们发现东兰地区的壮族都认为自己是汉族。造成这种局面的原因有几个,首先某些阶层、地区的壮族汉化的程度很高,已经看不出明显的差别;还有就是某些壮族不想被歧视就说自己是汉族;另外,国民党的官方是支持同化的政策,这样的说法正好符合他们的政策目标。

我们把韦拔群的革命与另外几场少数民族地区发生的革命简单作个比较的话就更能说明他的革命不是少数民族的起义而是一场农民的革命。用来比较的主要是这三个农民运动,我对这三个运动并没有作过细致的了解,只是粗略的了解。这三个运动的共同特点是,他们的领导人都信奉民族自觉、民族自治、民族独立,但是韦拔群在他十多年的革命生涯中从来没有提过这样的要求,没有提出过民族自治、民族自决,那个时候他不认为自己是少数民族,所以我认为他的革命是一场农民运动,而民族冲突是因素之一,但不是主要因素,后来韦拔群的最坚定的支持者是瑶族,所以很多瑶族很自豪地说他们一个叛徒都没有,但是这个说法站不住脚,瑶族里面也是有叛徒的。

另外一个有趣的现象是,中心与边疆之间有一种时间差,在中心发生的事情很长时间才能传到边疆地区,这个时间差对于韦拔群有时是有利的,有时是不利的。比如"辫子",韦拔群在1914—1915年到东部旅行,发现辫子都剪掉了,所以他决定剪辫子,但是东兰还没有剪。还有手电筒,当时在东部城市已经很普遍了,但是在东兰还没有,所以有一次韦拔群带回去一个手电筒,到了晚上给人们演示,他也不告诉人们这是什么,就让农民们觉得韦拔群是有种魔力的人,也有些人因为这个加入了革命,这也成了发动农民的一种手段。1927年蒋介石"清共"是从4月21号开始,但是到了1927年8月才传到东兰,这对韦拔群是有利的,使他比别的共产党人多出四个月的时间来准备应付反共高潮,并且在这四个月的时间里又举办了最后一次"农讲所"。1927年8月开了"八七会议",而土地革命的决议在1929年才传到东兰。1927年9月汪精卫"清共"已经两个月了,韦拔群一点都不了解,还认为汪精卫在和共产党合作。1930年9月,"立三路线"已经被废弃了,但是正好被带到东兰,所以东兰的共产党开始执行,直到1931年9月才得到消息,"立三路线"被放弃了。1931年11月韦拔群当选为中华苏维埃共和国临时中央政府执行委员,但是韦拔群一直到死都不知道。

生前和死后人们对他的印象有很大的变化,我这里讲三点。

对于右江地区和东兰的农民来说,生前把他看成是一个"神人",死后他就变成了"红神"。身份上,他认为自己既是壮族也是汉族,但是死后就变成了只是壮族不是汉族。在他生前,共产党内的领导人认为他是一个有问题的党员,首先认为他是一个无政府主义者,有人认为他和国民党改组派有很密切的关系,因为共产党很多人认为俞作柏、李明瑞这些人是国民党改组派,也就是汪精卫的人;还有人认为韦拔群是单纯军事观点,忽略政治工作;还有人认为他有个人英雄主义,还有任人唯亲,所以认为他是个共产党员,但是不是一个很好的共产党员。但是在他死后就不再谈论他的问题,而是把他塑造成完美无缺的共产党员。最近在宣传韦拔群的方面又有了新的进展,在广西党史宣传当中宣传“拔群精神”,就是对党忠诚、一心为民、追求真理、百折不挠、顾全大局、无私奉献,我对这个评价没有异议,而且我觉得还能加上几点,比如反腐败,这是贯穿他三次革命的主线,三次革命的目标都是在他看来很腐败的军阀、官僚、地主豪绅;另外就是他代表了一种民间的反抗精神,还有体现了民众自治的精神,但是这些可能不是现在我们要提倡的东西。

韦拔群的革命带有强烈的地方民族色彩,其中一点就是壮族的山歌,在他发动革命的过程中起了很重要的作用。这是他在1920年写的一首信歌。邓小平在1930年回到右江地区,找韦拔群和红七军,在一个多月的时间里和韦拔群建立了非常密切的关系。这是1981年在南宁南湖公园建的韦拔群、李明瑞纪念碑,这个纪念碑旁边还有个纪念馆,这个纪念碑有着很强烈的象征意义。李明瑞是广西南边的,韦拔群是广西北边的,按照今天的民族识别之后,李明瑞是汉族,韦拔群是壮族,所以这个雕像就寓意着广西南北联合、汉壮团结。还有一点就是这两个人都是邓小平的好朋友,这个纪念碑是邓小平复出之后建的,如果没有这两个人就没有红七军,因为是把这两个人的部下合编到一起成立的,所以邓小平一辈子都对这两个人念念不忘。这个图上面是李明瑞和韦拔群,下面是韦拔群和邓小平,这个竖立在魁星楼的前面。百色起义纪念馆,很有特点,我觉得它体现了我们“文革”时期的“三突出”的原则——在所有人物当中要突出正面人物,在正面人物当中要突出英雄人物,在英雄人物当中要突出主要英雄人物。这个纪念馆就是要突出主要英雄人物——邓小平。很多人说这个从历史上看是有问题的,因为百色起义的时候邓小平都不在百色,是起义结束之后才回到右江地区,但是他当时又是整个右江地区甚至是整个广西共产党组织的最高领导人,只是说到百色起义这个具体事件的时候,有些人起的作用可能比邓小平要大。

这个很大的岩洞是北帝岩,韦拔群的第一次“农讲所”就是在这里办的。这是洞里面的学校,这副对联“要革命的站拢来,不革命的走开去”,他从广州黄埔军校看到这副对联很喜欢就写在这里了。农民运动讲习所的学员,大部分是东兰的,但是有些是从其他右江地区来的,所以韦拔群不仅是东兰的农民运动领袖,也是整个右江地区的最有名的农民运动讲习所的主办人。这是韦拔群自己说的一句口号:“救家乡、救广西、救中国,实行社会革命”。我觉得这句口号很明确地表达了他对于家乡和省、国家关系的看法,在那个时代有很多知识分子都是这个看法。这个是香茶洞,韦拔群在1932年10月19日凌晨在这个洞里被他的侄子开枪打死了。我看到的材料是,他的侄子杀死韦拔群之后将他的头割下来,放到一个箩筐里,逼着韦拔群的十五六岁的警卫员背着头颅送到武篆交给了新桂系军阀。这个是他断头的照片,广西省政府将他的头拿到广西各个城市示众,最后埋在梧州。1960年被挖出来,最后好像是送到了北京,但是我一直弄不清现在这个头颅到底在哪。这个是西山,他最可靠的根据地,这个是重建的红七军二十一师的师部,他被杀害的最后的头衔就是红七军二十一师的师长。这是他东里村的故居,故居对面是拔群小学。这个是流过东里村的小河——东平河。

这个是他亲人的墓地,我们现在说法是他一家17口亲人在革命中丧生。其中有他的第二位妻子和第四位妻子,第二位妻子叫陈兰芬,我后来看到的材料是韦拔群自己将她打死的。这也可以说反映了革命者的残暴的一面。因为在1931年和1932年革命最艰难的时候陈兰芬怀孕了,韦拔群让她打胎,她也做了。这件事本来是绝密的,但是后来被传出去了,动摇军心,于是他弟弟写信说这已经变为了严重的政治事件,我们需要想办法解决,于是他就开会决定处决陈兰芬,于是就请陈兰芬来他住的地方吃饭,饭后到河边散步时就拿枪打死了,打死之后就告诉他的部下说打胎的事件他一点不知道。这件事发生之后把这件事传出去的是他的第三任妻子,叫王菊秋,那个时候他是多妻的,正好王菊秋的弟弟叛变了,所以现在看到的这17人名单里有陈兰芬,政府承认陈兰芬是烈士,王菊秋不是。黄美伦是他的弟媳妇,她生存了下来,革命失败之后新桂系军阀把她抓起来卖给了广西的一个农民,但是解放之后她又回到了东兰重新入了党,在政府做了干部,一直到2004才去世。这个是红神庙,这是翻建之后的,在他故居后面。这个是韦拔群的雕像,背后的建筑是2009年新建的韦拔群纪念馆,根据他部下的传说,韦拔群走路的时候都握着拳头。

这是他现在的墓地,他的骨头开始是埋在红神庙的下面,解放之后被移到东兰高中校园里,后来被移到东兰革命烈士陵园。这个是张云逸,拍摄于1960年前后,带着他的太太给韦拔群扫墓。陈洪涛,如果我们按照共产党的级别来算,他的级别在韦拔群之上,因为他是右江地区党的领导人,而韦拔群是军队的领导人,我们都知道共产党是党指挥枪,但是他的名望远不如韦拔群,所以实际上韦拔群是最高的领导人,陈洪涛实际上是他的副手。他也是东兰的壮族,是东兰的第一个共产党员,后来也被杀了。这个是毛泽东对韦拔群的评价,但是在毛泽东的著作里是找不到关于韦拔群的东西的。这些都是别人记录下来的关于韦拔群的谈话,广西人很喜欢谈论韦拔群。这个是周恩来的评价,也是谈话记录,下面这一段可以找到,认为韦拔群和刘志丹是同样级别的人物。这个是邓小平的评价,我从来没见过邓小平像评价韦拔群一样评价过别人,这是非常高的评价了:"韦拔群同志以他的一生献给了党和人民解放的事业,最后献出了他的生命。他在对敌斗争当中,始终是英勇顽强、百折不挠的。他不愧是无产阶级和劳动人民的英雄。他最善于联系群众,关心群众的疾苦,对人民解放事业,具有无限忠心的崇高感情。他不愧是名副其实的人民群众的领袖。他一贯谨守党所分配给他的工作岗位,准确地执行党的方针和政策,严格地遵守党的纪律。他不愧是一个模范的共产党员。韦拔群同志永远活在我们的心中,他永远是我们和我们的子孙后代学习的榜样,我们永远纪念他!"这是 1962 年写的,邓小平为纪念韦拔群的集子题的词。韦拔群没有留下任何一张照片,现有的两张照片一张是(这样),但是没有得到认可。虽然现在有很多画像、照片等等,但是我们不知道在多大程度上能反映出韦拔群本人的形象。

我就讲这些。谢谢大家!

评议与讨论

潘蛟:那我们来下半场,我先来说几句。首先这个讲演让我很享受,很流畅,很清楚,让我感到历史是什么,用过去的事实在不断解释。韦拔群这个问题主要是争论的部分,最重要的问题是他到底是一场民族革命还是农民革命,这里面和现在的问题也是连带在一起的。这里面"壮"的创造的问题,我个人认为,在这之前当地确实是土客之分,他们可能也会有矛盾,后来"土"成了"壮",也就是原来就是有族群的差别,但是今天壮族知识分子是不承认他们是被创造出来的,而且能把历史追溯得很远,现在在广西有很多人更愿意把它称为壮族的革命,在这中间塑造韦拔群的伟大形象的时候,他的意涵是壮族人民也参与了中国革命,壮族人民对革命的贡献甚至是自觉自发的。这样一种说法在一定程度上政府、非壮族也愿意接受,因为涉及对国家贡献的问题,这是个共同事业的问题。

另外我注意到当地把韦拔群叫作"神"。在广东、福建等地这个"神"和"人"之间的界限不是特别明显,有纪念某个人的功德、纪念某个人的传奇(的意思)。你刚才讲的韦拔群的传奇比较少,我想听听当地的细节,成为"神"的奇迹或是功德,还有在当地提到"红神"和其他的神有什么区别。

韩孝荣:关于"土"和"客"的问题,在民国期间的"土"如何在中华人民共和国期间就变成了"壮"。根本的差别不在于壮、汉之间没有差别,非常同意你刚才说的,土客之间的差别早就有了,关键在于怎么解释这种差别。在民国时代不管在壮族的立场还是在政府的立场,都愿意缩小这种差别,比如语言不同,他们不认为这是不同的语言,只认为是方言。因为当时的政府提倡民族同化,孙中山支持民族同化,而不支持多元的。从壮族上层、文人来讲,他们说自己是汉族就会避免很多歧视,在那个时候去缩小差别对双方都是有利的。后来新中国建立了,民族政策也变了,我们同样从双方的角度来说承认这种差别,研究壮学的学者当中至少有两种看法:一种认为在1949年前壮、汉的差别确实已经不大了,从这个角度来看,他们就认为后来的民族识别就有创造壮族的作用;另外就是认为壮族有别于汉族的认同并不是不存在了,而是被压抑了,在过去他们不愿意或不敢承认,而新中国建立后民族政策改变了他们才愿意才敢去承认,这部分学者就觉得壮族不是被创造出来,而是一种恢复。

再就是壮族的知识分子喜欢把韦拔群的革命说成壮族的革命。这个我在书的结论里进行了讨论,其中我提到韦拔群不止在生前在边疆和中心的关系上起到很大的作用,在他死后依然起着很重要的作用,无论从中央的立场,还是从地方的壮族精英或民众的立场看,对双方都有利的做法就是将他塑造成完美的英雄,就是证明中国共产党的革命不只是汉族的,而是多民族的革命,各民族共同的愿望。从壮族的立场出发,汉族是老大,壮族是老二,韦拔群就是证明了,至少在共产党的革命事业上,壮族是作了很突出的贡献。我自己更倾向于认为这是一场多民族农民革命,至少在韦拔群看来是一场农民革命。

关于"神"的问题。其实从韦拔群出生开始可以说就有人开始吹捧他了,他出生的时候就有9斤多重,在那个时候更显得突出,让人觉得这个人与众不同。另外他的生日,农历是生在马年大年初一,按照当地的说法是大吉大利的日子。他的相貌,长得四四方方的脸,很好看,很健壮,有富贵之相。是人的时候,人们把他看成神人。关于他神奇的故事有很多,有说他在被围捕的过程中变成各种东西逃走了。在他活着的时候人们把他看成半人半神的人物去崇拜。在他死后,也有其他的传说,就说敌人将他的尸体火化之后有个东西烧不化,发现是红彤彤的心脏。为什么叫他是红神,就是他后来是共产党,红色代表革命。

关凯(中央民族大学民族学与社会学学院副教授):我想到几个问题。一个是中国的革命,在《国家与社会革命》当中分析了结构性力量,比如支配阶级、农民、土地,在你的故事里发现中国那个时候的革命和这些都没有关系,农民和土地有关系。这是一个问题。还有就是韦拔群的符号到底意味着什么,百色的粤东会馆我去过,邓小平的题词是他复出不久,也就是百色给邓小平的复出在毛时代的革命话语里提供了相当强大的合法性,而在这里面的摆设是个很仪式的东西,这个布置和真实的故事是不一样的,有个关于百色革命的社会想象,在这个想象当中掺杂了很多东西,比如族群的,壮族的英雄,还有革命,还有围绕着他的活着的人的故事。我想说,韩老师在做韦拔群这个的时候,是试图要解释什么?是不是还有比这些更复杂的历史画面去呈现革命的意义,包括20世纪80年代重新想象韦拔群。

韩孝荣:首先通过做这本书目的很简单,就是把他的故事用我的方法来说出来,在说这个故事的过程当中我会去讨论一些我比较感兴趣的跟这个故事相关的一些理论的问题,但是我不会为了理论而说理论,我本身反对为了制造理论去制造理论,这是我自己对于历史或者人类学的看法。

另外我选择这个题目跟我的学术背景有关系。刚才提到了,我一直对中国的民族问题感兴趣,到了美国之后做博士论文我转去做农民运动,韦拔群正好让我将这两方面结合起来,他既是农民运动的领袖,也是少数民族,所以我自己对他非常感兴趣,他是个传奇式的人物。第三,农民运动这个题目在西方学术界红过相当长的一段时间(20世纪50~80年代),西方学者非常有兴趣去解释中国的革命,在他们的意识当中就是农民革命,农民运动很多人被写过,彭湃有人写过,方志敏有人写过,写毛泽东的更多。我刚才提到广西有些学者说中共早期三大农民运动领袖，写毛泽东的非常的多，写彭湃的英文的至少有三本，文章也有不少，但是韦拔群的只有一篇不到十页的论文，我觉得这样一个值得研究的人物不应该被忽略，我试着要做的就是要填补这样的一个空白，把他的故事说出来。

你提到的问题，一个是革命和社会结构的问题。我觉得在中国南方，我们关注的是某一个地区真正无地的农民（贱农）占到什么比例，一般认为20世纪上半叶在南方主要是贱农的社会，在有些地区无地的农民能占到人口总数的50%以上，但是北方主要是自耕农的社会，所以这个对农民在革命中的态度是有影响的，而东兰这方面的材料并不多，但是我的印象东兰虽然在南方，但是它的社会结构更接近于北方，自耕农占大多数，都是小自耕农，这个与革命初期的阶段到底是达到什么目的有关，是抗税还是抗租。如果是自耕农为主的地方，主要的目标就是抗税，只要找到这点，就很容易将革命组织起来。韦拔群第一次革命就是以抗税开始的，而且税收问题确实是东兰很严重的问题。在国外的学者当中有些争论，就是中国的农民革命到底是抗税更重要还是抗租更重要，他们很喜欢作概括性的结论，但是我觉得应该看具体的地区，因为每个地区农民的关注点是不一样的。在东兰社会结构对革命性质影响当中比较重要的一点。

最后是邓小平革命话语的问题。这个是对的，韦拔群的命运，主要是死后的命运，包括李明瑞死后的命运，都是与邓小平有直接的联系的，“文革”的时候没有人敢去宣传李明瑞或者韦拔群，有好几年据说韦拔群的墓地是被关起来的，他的弟媳妇也受到一些冲击，他们是把韦拔群和邓小平连在一起的。李明瑞也是，他最后是以国民党改组派的身份被杀的，1945年之后被平反了，“文革”的时候又被打倒了，后来邓小平复出之后，于1981年在南宁建了纪念碑。这跟邓小平复出有很大的关系，一个是他想强调自己在百色起到的作用，另外包括张云逸等有影响的共产党人对于这两个人是怀有歉疚的，觉得他们生前或死后受到了不公正的待遇，而且觉得他们两个对中国的革命，至少是当地的中国革命作出了很大的贡献，应该得到承认。所以这个你可以说是邓小平是为了自己，但是也可以说这体现了邓小平的一种人情味，没有忘掉这些老朋友，尤其是1962年对韦拔群作的评判，因为那个时候他没有必要利用韦拔群来抬高自己，纯粹是真情的流露。

巫达(中央民族大学民族学与社会学学院教授):听了之后感觉历史知识受到了梳理,因为我自己做西南民族比较多。我觉得您刚才提到很多方法论的问题,怎样去采信韦拔群的资料,因为韦拔群的材料比较少,如果跟着后面的文字的话,会不会引导我们走向另外一条线路去做,就是"红神"的做法。在做他的研究的时候,他的采信度,这是我们人类学做的,我们做口述史,历史就是看文本,没有形成文本我们就采信,口述史又觉得不可信,您是怎么处理这个的?

韩孝荣:很好的问题,也是我做这本书当中差不多每天都遇到的问题。我觉得最好的办法就是比较——把可能收集到的不同的文本。我对文字的东西和口述的东西本质上没有偏见,我觉得口述的东西一样可信,在同一个事件上出现不同版本的说法的时候,最重要的就是作比较,还有就是尽量去理解比较大的环境,比如找一些当时的文件,如果找不到韦拔群自己写的,就把他部下的能找到的回忆录,把这些放到一块去对比,然后根据当时大的环境和历史变迁去决定哪种说法更有道理,但是即使这样还是避免不了主观判断的问题,所以我也不敢说我写的就是真实的故事,因为这就是我的故事。我前面也说了,我就是在做这样一个故事,我不是试图证明或创立某种理论,我只是觉得恰好这个理论和我的故事有关,我会去讨论,如果我觉得自己有能力能在哪里创造小理论的话,我也不会放弃,但是我不会去刻意创造,我只是说出基本可信的版本。在他的整个生命当中,他参加革命之后的材料就多得多了,而且可信的比较多,难得就是他早年的资料,因为没有他自己留下的材料,所以只有根据留下来的传说的材料和口述史去重现。

潘蛟:我再问一个,刚才你也谈到抗税和抗租的问题,但是另外你也在谈到他们把这些东西神化。以前交税是国家天经地义的道理,但是抗税怎么变成了不合理的东西,韦拔群显然是受了新思想(的影响),但是当地农民对这个事情的消化可能与韦拔群不一样,可能韦拔群也觉得这些农民要因势利导。我们前几天去研究凉山土司,去推广现代医药,他说这个药就是神的力,你要说他是愚弄彝族人也可以,但是他是因势利导来推广,因为共产党的那套理论其实也还是挺复杂的,这里面谈到一个结构症结的问题,当地人怎么来消化它,你的书的名字让人很着迷,革命当中加有神韵在里面,而且还弄成了一个红神,在地方上是怎么消化这套理论的?我不知道你书里面有没有说这个,我比较感兴趣。

其实革命史是国家各民族的共业,其实这种说法也是国家需要的,有段时间甚至对岳飞的评价都是个问题,岳飞还是不是民族英雄?《民族团结》这些杂志当中到处找少数民族对国家的贡献,整个就是一个建设的过程。

还有个问题就是,在你读的这些材料里,当地人是如何去消化这套理论正当性的问题,常见的说是神意的体现,而不是什么剩余价值、剥削等等。还有就是韦拔群对于理论的易受性有没有来自于地方上的争议,比如家族上的争斗,因为有些自己家族被其他的家族欺负了,来找一种外部的力量来颠覆这个次序,有没有这个因素?

韩孝荣:我先回答后一个问题,我刚才也提到了,韦拔群这个富家子弟怎么会走上革命的道路,因为革命给他家里带来的是灾难性的结果,自己被杀,17 位亲人被杀,所有的财产都散尽。我提到了教育这一点,你提到的我觉得是第二点,当地人在描述韦拔群家里的时候是"虽富不贵",有钱但是没有势,而杜八是"又富又贵",做过县长,当地社会有什么重要的事情,比如建小学、魁星楼等等,都是由当地的豪绅牵头,也要向当地的农民收一些钱,我们建一个委员会,组织委员会的时候韦家虽然是首富但是从来没有份儿,所以也是有差距的,所以自然他的爷爷、父亲对他也是有期待的,希望到他的时候韦家也能又富又贵,所以他们送他去上学也是有这个原因的。韦拔群的爷爷最早是寄希望于韦拔群的父亲身上,所以在清末的时候花钱为他父亲买了个功名,但是他的父亲去世较早,他父亲去世之后很自然的他爷爷就寄希望于韦拔群身上,所以他希望韦拔群能通过读书做官的路来达到又富又贵的目标。但是按常规的看法,韦拔群不是个好学生,至少被两个学校开除,读书做官就走不通了,韦拔群自己也没有兴趣,但是他内心还是继承了他祖父对他的希望,就是通过一种手段来取得权势。读书走不通那就只能通过革命。在 20 世纪上半叶中国地方上的人物很多人都是走了这条路,革命是通向权势的捷径。另外韦拔群成为革命领袖还有其他的原因,其中跟他家庭的教育方式有关系。在内地汉族地区一个大户人家、书香门第和东里村韦家的培养方式是不一样的。书香门第的家庭往往把孩子关在家里让孩子背书,尤其避免孩子跟所谓"野孩子"一块玩。但是韦家不是这样,他的父亲、祖父要求并不严苛,读书的时间之外允许他和村里别的孩子一块玩,这种幼年时代的经历对韦拔群至少有两个影响。一个是从小培养了他的领导才能,他是村里最富有家庭的孩子,还受过教育,身体强壮,有才干,别的孩子很自然地就把他当成头,他就成了“孩子王”,可以说这是他最初作为领导人的引导;另外就是和穷孩子玩的过程当中产生了对他们的同情,后来他政治主张当中最重要的一点就是平等,他感觉到自己家有钱而别家的孩子很穷,他感觉到这事是不公平的。很多传说故事都说韦拔群从小乐善好施。

还有就是抗税的问题。农民怎么会觉得收税是不合理的?韦拔群怎么让农民相信抗税是正确的,革命能够成功?在这个过程中我没有看到太多的涉及宗教的材料,比如神。但是这个和我前面提到的道义经济学派,这个是跟宗教信仰有一定关系的。农民有一种很淳朴的信仰,让我交税是可以的,但是税收要有限度,不能危及我的生存,一旦超出这个限度就只能反抗了。在中国历史上这样的例子太多了。我们现在有材料能够证明从清朝的崩溃到20年代东兰的税收是翻了很多倍,主要就是军阀混战。还有就是税收跟现代化的进程也有关系,比如政府要推行新政,比如建现代小学,中央又不给钱,那就只能从地方上增加税收来解决问题,这就是为什么在20世纪初有很多农民起来捣毁小学,农民不管那么多。在抗税的事件上,特别是第一次抗税,韦拔群非常聪明地利用了那七年所建立的关系网,并没有一开始就用武力。他直接去找百色的小军阀,让军阀相信他和马君武(当时的省长)有关系,跟卢焘(贵州省长)也有关系,还让他相信自己跟孙中山也有关系,用这样的办法把小军阀给镇住了,于是小军阀给他写了条子说地方不用收这个税。第一次这个成功了,但是第二次就不灵了。

潘蛟:已经十点了,那我们今天就到这儿了,我们再次感谢韩孝荣教授的讲解!

(编辑整理:宋洋)

电报与晚清政治

主讲嘉宾简介:周永明,威斯康星大学人类学系教授,重庆大学兼职教授。先后担任过新加坡国立大学东亚研究所(1999 年)及英国剑桥李约瑟研究所(2003 年)客座研究员,美国著名智库威尔逊国际学者中心研究员(2001—2002 年),以及新加坡国立大学亚洲研究所高级客座研究员(2008 年)。

主要研究方向:政治人类学

主要学术著作:《20 世纪中国的禁毒运动:历史,民族主义和国家建构》《历史语境中的网络政治:电报,互联网和中国的政治参与》《中国网络政治的历史考察》

主持人:潘蛟(中央民族大学民族学与社会学学院教授)

老师们、同学们,每次来民大讲座都非常高兴。今天我讲一个题目,先声明一点,这个题目《电报与晚清政治》已经有相当一段时间了,当我开始这个课题研究的时候,大多数中国人还没有接触互联网,可是短短的十五年,互联网在中国的使用人数世界第一,而且互联网从方方面面改变了中国人的生活。我先和同学们讲一下我今天想讲的几个内容,首先是简单介绍电报在西方的历史,然后讲为什么我要研究电报,因为我的专业是人类学,和电报关系不大,是什么因素促使我对电报这个特定的技术感兴趣,进而去研究它,我想简单地给大家一个交代。第三个问题是我想探讨一下为什么电报这个技术当年传入中国以后,花了三十年的时间清政府才接受它,这是个很有意思的现象。大家知道互联网传入中国,我们几乎是同时接受,同时我们也不断发展和开拓这个技术。那么在讲到电报与中国社会的关系里面,我就选了中国一个特有的电报种类,叫作公电或者叫通电,不知道同学们听说过这个名词没有。我会详细地讲公电和通电在中国政治史当中起过的作用,我会讲几个具体案例来证明公电与中国的政治参与密不可分,在某些时段起了相当大的作用。最后一个问题,我就想探讨,为什么电报这种技术在中国所形成的特殊形式——公电,在晚清的政治参与中非常有效,非常有影响。大家知道互联网技术并不是任何一种形式、任何一种功用都会对当代中国政治产生很大的影响,只有某一些特定的技术会拥有这种功能。我现在已经落伍了,我听说微博当中有"大V",他发出来的微博有几百万上千万的人同时接收。这个技术我觉得非常powerful,非常effective。如果大家回过头去看电报在晚清时期的演变过程,可能有助于理解和互联网有关的一些现象。那么我就从第一个问题开始讲起。

(一)电报的简单历史

大家都知道英文这个词头"tele-"是什么意思,是指远的意思。telegraph是指看得很远的意思,从它的词源来说呢,就不难理解最早的电报和我们现在的电报完全是两码事。最早的电报是一种光学电报,实际上是一种符号语言。17世纪的电报塔怎么传递信息呢,它是通过上面不同的排列组合来传递信息。假定你们同学去约会,如果两排是黑的意思就是五点,一排黑的一排白的是六点,两个白的是七点。也就是说预先设定不同信号排列意义,然后通过这个来传达信息。拿破仑时代,他在欧洲每隔二十或三十公里就建一个信号塔,来传递军情命令,这也很有效。但这也花费很大的人力物力,因为每隔一段就得有人拿着望远镜看信号塔不同的排列组合。

我们现在理解的电报是与电有关系的,在电出现以后,大家用的是莫尔斯电报,是通过电线的长短、快慢的不同组合传递信息。一直到20世纪90年代,主流的电报形式还是莫尔斯电报。我前不久看到一个信息,印度也在今年停止了电报业务。中国的公共电报业务是在2002年、2003年停止的。互联网普及以后,电报局就没有生意了。但是大家如果把时间回溯一百年,电报局相当于现在的电话公司中国移动,它是非常有影响也非常赚钱的一个现代公司。电报在早期出现时和互联网非常相似,其技术成熟以后在短时间就有一种爆发式的发展。我举个例子,1846年美国开通了第一条电报线,从美国首都华盛顿到巴尔的摩只有40英里;1848年,两年后美国拥有2000英里长的电报线;再过两年这个数字就变成12000英里,再过两年23000英里。大家想一想,就像20世纪90年代末的互联网进入中国以后,中国的网民今年是500万,明年是3000万,后年是9000万,非常类似,它是一种爆发式的增长。这边是英国的统计数字,也是给你一个相同的图景。我以美国社会作为一个例子来说明电报技术出现以后对西方社会的影响是无所不在的,这一点和电报对中国的影响很不一样。比如说,电报出现后对股票市场、期货市场起到一个孵化器的作用。和电报差不多时间出现的另一个技术是铁路,18世纪20年代以后铁路在欧美也是发展非常快,但是铁路这个技术只是把区域联系起来,电报技术出现以后,才把国家甚至是国际范围的地域连接起来。电报技术出现以后,美国的股票市场和期货市场发生翻天覆地的变化,本来美国的股票市场有很多,纽约、波士顿、费城、芝加哥、旧金山等都有股票交易所。为什么当时各个地方都需要交易所呢?就是缺乏一种技术把纽约股票价格告诉波士顿的交易人,波士顿的交易人告诉芝加哥的交易人,这中间是有时间差的。但是电报技术出现以后,这种时间差基本上就被消除了。在电报技术出现之前,美国商品交易原则是"贱买贵卖",如我买一百斤玉米,我以十块钱价格买进来,以十二块钱的价格卖出去。因为美国中西部是产粮区,我在芝加哥这个地方十块钱买进来,运到纽约十五块钱卖出去。在这个过程中,纽约人不知道当天的价格是多少,要等一天或者两天以后,价格信息才会到达纽约。电报技术产生以后,这样做就不行了:芝加哥价格是十块钱一斤,纽约人同时知道是十块钱一斤。所以它不会付十五块钱来买一百斤玉米。电报这个技术促使了期货这个技术的出现,这个投资从空间转到了时间。大家如果对经济学了解得比较多的话,就很好理解。所以电报对资本主义核心——金融和商品交易产生了革命性的影响。这只是一部分,电报技术也促进了现代垄断资本主义生产方式的形成。只有电报技术出现以后,才会有我们现在常见的跨国公司。在这种通信手段出现之前是没有跨国公司的,因为通信成本太大。有一些垄断性的全球殖民公司,但是没有现代意义上的跨国公司。另外,电报技术又促使了帝国主义时代大海军的形成。因为在此之前,海军都是靠旗语信号来指挥,但是天气不好或者受其他条件的限制,旗语的作用是非常有限的。电报的技术的出现,使得舰艇的司令可以给各个舰艇发号施令,所以电报这个技术某种意义上帮助了殖民主义的军事扩张。电报加上其他几项技术突破,包括铁路、蒸汽船、海底电缆,它们的共同使用使19世纪末

20 世纪初的垄断性帝国主义达到成熟。

(二)电报对美国新闻传播的影响

首先,电报技术出现以后才出现了现代意义上的所谓通讯社。电报传入中国以前,中国没有出现现代意义上的通讯社,但是 19 世纪 40 年代以后,中国出现了几个大的通讯社。而且电报出现以后,新闻报道的风格改变了。本来报纸是偏重于地方性的新闻,电报出现以后新闻可以发向全国。为了适应更大的报道,新闻报道的地方性、党派性、团体性就越来越淡化,新闻报道就变得越来越客观、公正,对新闻报道的文风也产生了影响。另外一个影响是,它使新闻报道变得简洁化,没有很多评论分析夹在里面。电报的成本比较高,尽量用短的篇幅把新闻发出去,使得语言也变得越来越标准化,新闻编辑室变得越来越像工厂,新闻变得越来越像商品,可以推销到其他地方去。如果把电报换成互联网,是不是也会有类似的变化。从抽象意义上说,电报出现以后对西方人的时空观产生了很大的影响。过去英文中"transportation"和"communication"这两个词是可以互用的,电报出现以后这两个词只能分开来用。我举一个例子,假设你是小偷,你把潘老师的皮夹子偷了,在纽约火车站,火车要开了你马上就跳上火车,没有人能抓到你,因为当时火车是最快的交通工具,警察骑马也不行,只能眼睁睁地看你逃了。但是过了不久电报这个技术出现了,你跳上火车,警察可以马上发个电报给前面一个火车站把你拦下来。

电报和火车的出现,让美国人的时间观念发生了很大的变化。在 19 世纪 60 年代之前,我所在的威斯康星州,每个州的时间不一样。当时每个城市制定的标准不一样。但是火车出现以后,如果以每一个地方的十二点钟做火车运行表的话,那肯定每天都要撞车,每天都要脱轨。正是在这种情况下,电报技术和火车技术相结合。美国人就采用了标准时间制,还采用了分区时间制。我想传达的意思就是说,电报这个技术在 19 世纪下半期对资本主义社会影响是相当深远的,从经济层面到文化层面到人们的观念层面。

回到为什么我会选择研究电报,是有些偶然的因素的。我的博士论文写的是中国 20 世纪禁毒运动,禁鸦片、禁海洛因。研究的时间段从 1905 年讲到 90 年代。在 20 世纪 30 年代,上海有一个非常有影响力的组织,叫中华国民拒毒会，是由上海工商界和精英知识分子组成的民间组织，他们的宗旨就是拒绝鸦片，他们会长名字叫李登辉。李登辉是当时复旦公学（复旦大学前身）的校长，我考察这个组织的历史的时候，印象特别深刻，他们实际上就是一帮社会精英，他们要发动抵制毒品的活动的时候，手上并没有很多的资源来做一些实实在在规模比较大的活动。二三十年代的时候，不论是军阀还是国民党，都想打鸦片的主意，因为鸦片收入是他们财政的支柱。就像蒋介石说，我们采取一个禁毒的方针是“寓禁于征”，就是通过增税禁止鸦片，中华国民拒毒基金会的名流当然知道他的本意是什么。那时候他们抵制国民政府的主要手段就是向全国各地的报纸发电报，通电全国，他们可以公开地骂政府的鸦片政策。这种电报通常情况下会被全国的报纸转载，这经常会搞得政府下不来台，政府就会说我们再商议商议，把这个政策先缓一缓，至少会在表面上做一些姿态。研究电报也不是我一时兴起，在这之前我已对通电这种形式有过接触。我对电报在美国的历史很感兴趣，也想了解一下它在中国的历史。2001 年我在华盛顿一个很有名的智库做了一年的研究员，这个智库里面网罗了一些美国退休的政客和一批美国主流媒体的记者、学者。我在他们里面还属于很年轻的。一次聚会，他们问我在这里做什么，我就告诉他们，我在做一个课题，互联网在中国的影响。在十几年前，不管是美国的政客也好、记者也好，他们的第一反应都会说这个题目很好。然后，几乎所有人都会问我“你觉得互联网会改变中国吗?”我当时面对这个问题，觉得很难回答。因为他们提这个问题之前有一个预设，互联网技术会促进民主，可以让世界其他社会民主化，所以只要中国发展互联网，互联网就会帮助中国实现民主化，这是他们一个预设。我作为一个学者，觉得他们的提问方式太简单了，我不能够给他们一个“Yes or No”的回答，我会说互联网会改变中国，会让中国发生变化，但那时我不知道那种变化是什么方式，具体形式是什么，所以我不敢保证互联网会使中国民主化。正因为我总是面对这样的问题，我就决定给他们上一堂历史课。我说在我给你准确回答之前，听我讲一个故事。一百年前也有一个非常类似的技术传入中国，那个技术也被中国人用来从事政治活动，但是回过头来看，以你们现在的预设框架来考察电报在中国的历史，那得出的结论就会变得很可笑。互联网和电报一样只是一个技术，这个技术可以被不同的人用来做不同的事，来实现不同的目的。我想让大家知道为什么在十几年前我要写一本书，同时讲电报和互联网，第一部分讲电报在中国的历史，第二部分讲互联网在中国的发展。

（三）为什么晚清政府接受电报的速度非常慢

1852 年电报技术引入中国，到 1881 年清政府才成立了电报总局，1881 年的年底，天津到上海的电报线才架通，当时中国的第一条电报线是从天津架到上海。讲起原因，有两种非常常见的解释，一种解释是把它归结为清朝官员的顽固不化，他们文化上的偏见，中华文化对西方的器物层面上的东西有种优越性。还有一种解释是把原因归为底层民众，因为中国人根深蒂固的风水观念，架设电线要穿越田野、坟地、山川湖泊，沿途的村民会担心他们的风水会被电报线破坏，所以阻止电报线的架设。这个理由，如果仔细读晚清的历史是不成立的。当 1881 年李鸿章决定要架设从天津到上海的电报线，一旦官府下令架设，架设过程还是相当顺利的。把风水作为理由，常常是清政府的官员和西方列强在谈判桌上时拿民众的风水观念作为借口搪塞西方人。清廷为什么犹豫不决？清廷的官员和封疆大吏对要不要架设电线展开了三轮讨论，当你仔细读总督将军们通信的文章时候，就会发现两个词的出现频率最高，一个是“利”，一个是“权”，大家注意这个词的顺序，我们现在更多是用“权利”。“利权”实际上是两个概念，就是说清朝的官员除了李鸿章一开始就对架设电报线持比较开放的态度，其他的官员都强调架设电报以后我们的“利”会被吃掉：英国和我们发生争执后，在几分钟内就可以把消息传到上海，传回英国，从信息角度来说，我们处于被动地位，所以不让架设电报线，是保利、争利、护利。还有一个是“权”：我们如果让欧美列强在中国的土地上架设电报线，我们又对电报线没有控制权的话，那么我们会失去包括商权、治权和主权等“权”。所以从这个角度看，架设电报线对中国没有“利”，会失去“权”，最好是能拖就拖。但又是什么原因让清朝的决策者改变了主意？有几个事件，其中之一是 1871 年琉球的渔民和日本人发生冲突，日本人就以此为借口一直打到台湾。当时台湾还没有建省，只是福建省的一个府而已，台湾的军情只有通过船到大陆，再到北京。福建巡抚就提出了，如果有电报线的话，军情的传递就非常迅速。这时候清朝的官员第一次认识到电报线的功用，一些开明的总督巡抚开始改变看法了。李鸿章也是在这个时候向慈禧建议修建电报线，没过几天，慈禧就批复了。所以对“利”和“权”的考虑，让清廷纠缠了三十年。这个情况如果把它用在互联网上的话实用不实用？不实用。我们用互联网不存在“权”的考虑，用互联网是发展我们的经济，“利”也是被我们享用的，这两个语境是相当不同的。

1881 年开通了电报服务以后，电报在中国现代社会上的功用，特别是在 1949 年以后，它的几个功用，我们这代人对此感触很深刻。比如说在 20 世纪 70 年代，我如果收到了一封电报，很可能因为两件事情：一件事情是你有亲戚朋友来北京了，你要到火车站去接他；第二种情况是你家亲人去世了。电报出现以后，出现了一种新的文体叫通电，这个是中国特有的。什么是通电呢？它必须是明码电报，发给许多人，希望电报的流传面越广越好。在现代中国，如果想流传范围更广必须要被报纸转载，不然的话也不能被称为公电，即使它是明码的或有多重的收报人。讲到电报码又有一个很有趣的现象，电报码是把汉字数字化来进行加密，但是在 1949 年之前的中国，私人之间是可以自己编码的，你要发通电就不能发个人编的编码，必须发明码。当时的公电，出现得相当晚，我在报纸上查到的第一份中国的公电，从 1862 年中国第一份报纸叫《上海新报》读起，一直到 1895 年，我才看到第一份通电，1895 年有什么重大的历史事件发生？甲午战争、签订《马关条约》，割让台湾，台湾全体民众给南洋大臣、北洋大臣、巡抚衙门发的通电说我们好像被母亲抛弃的孩子，被大清国割让给日本，我们誓死不从，自己成立台湾民主国，仍然效忠大清。通电这个文体和中国的近代史、现代史，和中国的国恨家仇，和中国的民族主义是密切相关的。这是我读三十年的《申报》发现的通电使用比较集中的几个年代，这几个年代与中国近现代史上的几个大事件连在一起。第一是通电起源 1895 年割让台湾，第二次被大规模的使用是围绕着“己亥建储”这个事件。“己亥”就是 1900 年，“建储”就是立太子，当时的同治帝死了后没有太子，慈禧太后当时就选了一个副君，把他名为大阿哥，在保皇党人的眼里慈禧的举动是为废掉光绪帝作准备，保皇党人就大量地发通电。第一份有影响的通电是上海电报局的总办经元善，他带了一千多个上海的名流，联名发给北洋大臣。上海电报局的总办就相当于国家邮政局的局长，或者国家信息工业部的部长，他领头发通电抗议慈禧的决定，整个舆论就“炸开锅”，连西方列强都出面干预，所以史学界有个说法，为什么几个月后慈禧支持义和团和西方列强开战,是因为在“己亥建储”的时候受到了西方列强的压力。最后建储没有成功,只是立了一个所谓的大阿哥。

这次在中国大范围地看到通电的运用,还有一个很独特的现象是发通电的很多人都是海外华侨,新加坡的、马来西亚的、旧金山的、秘鲁的,特别是“戊戌变法”以后逃到日本去的梁启超一方,他们在海外可以接触到电报这个技术。所以当时和互联网技术兴起时是一样的,海外的华人是最早接触和使用这个技术的,当时海外华侨是发通电的主体。

到了1905年上海的商人抵制美货,导火索是美国的“排华法案”快到期了,要续约,中国的精英阶层要求清政府拒绝续约,美国态度很强硬。当时新成立的上海总商会,以他们为首掀起了抵制美货运动,在抵制美货的过程中,会看到《申报》上每天都会登很多的公电,这时候公电的拍发者主体是在清政府新政期间(1901—1911年)新批准成立的各种社团组织,包括农学会、教育会、演讲会、启超会、商会,各种新组织。所以说这次使用通电又是一个转折点,是由个人身份为拍发主体转向以组织为拍发主体。又过了一两年,发生了一个铁路风潮,江苏浙江的一些地方师生想从英国人手里拿回苏浙铁路的修筑权,为此与英国和清政府进行了一系列的抗争。这时候的拍发主体是铁路公司,现代意义上的一种企业组织。铁路公司理论上是私人性的,铁路企业居然和清政府的外务部、两江总督、浙江江苏巡抚平起平坐一起谈判,这在当时是很少见的。这一方面说明清政府当时的统治已经非常的薄弱,另一方面也可以看出通电所产生的舆论压力。我刚才说过,我读上海1912年之前的《申报》,请愿立宪运动当中广泛运用通电,主要是用来成立请愿立宪同志会,用来组织请愿立宪游行,是用来和各个省和边疆大吏来讨论国会选举的程序和时间。所以这几次大规模通电被运用,都是和晚清国家和民族的政治危机连在一起的,而当时的社会精英利用了电报的新技术,利用了通电这个特殊的文体,融合到政治参与的过程。如果我说的是正确的,通电对当时非常具有影响力。

(四)为什么通电对当时具有很大的影响力

通电必须被报纸转载才能成为通电。一百年前,上海最有影响力的报纸是《申报》和《新闻报》。《申报》在1900年全国范围内的发行量是7000份,和现在来比的话还真是九牛一毛。即使这样，通电也是非常有效力。我的观点是通电具有权威性，它经历了一个权威性增强的过程，通电的写作方式同传统的中国政治文体——檄文很相近，写得非常义正词严、慷慨，以非常权威的口吻来写，写出来的东西是需要面向大众的，需要大众来审视，面对公众的挑剔。所以必须要有权威性、正义性、公开性。通电大部分情况下是由集体签名后发出去的，比如我刚才说的上海电报局总办经元善和一千多个人一起签名，这份公电的分量就远远超过一个人签名的公电。被报纸转载的通电还要经过报纸编辑这个程序，报纸编辑要判断这份通电印出来后是否有价值，能否引起民众的注意。正因为公电要经历这样一个权威性不断增强的过程，所以在通常的情况下具有相当的影响力。刚才的分析是从文体、编辑比较微观的角度，如果我们把它放到大的历史环境当中，通电成为颇具效力的政治参与手段，和当时的历史环境，尤其是1901年至1911年清政府孤注一掷的新政时段的关系十分密切。这个时段打下了现代中国的基本框架，在这个时期清政府决定要立宪、成立议会，建立现代的政治制度，在这个时期中国进行了一系列影响深远的改革。1905年中国废除了科举；1901年、1902年颁布了商会条例，鼓励设立商会、鼓励发展实业；废除了建立民间组织的禁令；颁布现代公司法。所以不论是社会制度、政治制度、教育制度，还是经济制度，新政时期都设立了基本的框架。在这个时期，新的社会组织出现，因为有着群体性的资源，使得他们发的通电的分量更重。

我的另一个观点是当时出现了新的接收语境。中国民族主义蓬勃兴起，通电讨论的一些事宜都非常敏感，如路权、“排华法案”。这些和民族主义的情绪纠杂在一起，这不仅使通电有情感震撼力，而且无形中使通电具有政治参与手段。一个简短的结论就是，晚清时期社会政治的变迁，加上通电权威性增强的过程，使电报成为当时精英政治活动参与中一个非常有效的技术手段，但是这个技术手段本身并不决定中国政治的走向。通电用得最多的是那些请愿立宪者、立宪支持者、改良派。大家都知道1911年10月在武昌发生的历史事件就把中国卷入共和体制里，而共和体制者并不是通电的积极使用者，官方的电报局是不给孙中山这些革命者公开发表抨击清政府的通电的。

谢谢大家。

评议与讨论

潘蛟:首先感谢永明教授给了我们一个很清晰的思路,对电报在美国发展的历史以及传入中国后进行了一个梳理。这个报告刺激我产生了很多问题,永明教授可以选择性回答。您在谈美国的电报时把它与商业、经济更紧密地结合在一起,但是您在谈中国时候,着重谈的是政治上的抗争、政治参与,那么我的第一个问题,电报在美国政治上的作用是不是稍弱?以及这种淡薄的原因,请帮我说明一下。第二个问题,在当时中国谁有资格发通电,辛亥革命的那些"乱党"很少用,是一些在社会上已经有一定地位、有一定影响力的人在用。这种影响力虽然是政治的,但是不是与经济市场有一定的关系,比如商会,在运用时候可能会需要一定的经济基础,这样除了国家之外,会有一个市场。最后一个问题,通电这个技术的终结,这种形式的消退与国家和社会的混异化有没有一定关系?

周永明:第一个问题,如果我理解正确的话,潘老师说我在讲美国电报对美国社会的影响,主要是从经济和社会层面,考察电报在中国的影响主要在政治方面。美国人问的时候也是从政治意识角度问的,我所偏重的也是从政治这个视角来做,但是我想提醒大家一点,不管是在美国还是在中国,不管是晚清时期的电报还是当今的互联网,经济作用永远是占主导的。比如在晚清,一开始就把电报局分成两类:一类是官电局,一类是商电局。可以说政治和经济一开始就分开了:官电局主要是经营在偏远地区边疆地区设立的电话线电报线,因为它主要是为军事为行政设立的线,是没有盈利可能的,官电局有负责拍发一些公文电报;商电局的主要服务对象是广大民众,尤其是商人,实际上晚清电报局是盈利的,上海电报局每年的分红是非常多的,是中国少有的以现代企业制度经营的盈利性公司之一。所以经济层面上的电报使用在晚清仍然是主要的,而且在1881年中国的大兴电报局成立之前,已经通过电报获取经济信息了。实际上从19世纪60年代起,他们就非常关注电报经济信息,比如,上海《新报》,它每天都登伦敦生丝价格,但是登的是十五天到十八天之前的价格,就是因为当时世界电报还没有成网,伦敦那边的价格是先拍发到莫斯科,莫斯科再拍到符拉迪沃斯托克,到那里以后就没有电报线了,再用马力穿越东北传到天津,再从天津用汽船传到上海,所以整个过程需要十五至十八天。到1871年新加坡到香港的海底电缆建成以后,电报可以直接打到香港,时间才渐渐缩短。所以说经济信息是推动技术向前发展的一个主要动力。政治上是被特定的精英阶层用于政治参与,我想现在不管互联网与参政议政多么紧密,绝大多数人还是用互联网达到经济、娱乐等方面的目的。

学生:我们把电报和清朝晚清政治联系在一起的时候,电报作为一种技术手段在中国政治生活中发挥的作用是一个很强的人类学理解。我想听听电报在清末在对外关系等方面发挥的作用。

周永明:这个问题提到点上了,我刚才说促使清政府改变对电报态度的转折点是1870年台湾事件,就是中国和日本在台湾问题上的冲突。1881年底,津沪线建立以后,清政府也有计划再建一些线,但实际上中国电报缆的形成比清政府的规划早得多,这都是和当时国防外交上的几个危机有关,1882年、1883年中法战争打得断断续续,正是中法战争让清政府在三个月时间内把沿海的线建好了,所以要回答你的问题,外交对电报的影响,这是一个最好的例子。而且中国新闻历史上第一份号外就是讲的马尾海战,正是清政府一系列的内政外交危机,使得这个技术越来越为清政府所重视。1900年的义和团事件,是一个典型的政府操纵信息的案例,6月底慈禧太后发了宣战书以后,盛宣怀指令下属电报局不许转发,两江总督李鸿章说这是乱令,他们要搞"东南互保"。在"东南互保"的过程中,盛宣怀在当时的几个月就变成了全国的政治信息枢纽,每个省的总督巡抚多是向他发电询问信息,当时最活跃的就是袁世凯,袁世凯和盛宣怀的往来电每天都有好几封。到"八国联军"打到北京,盛宣怀就用他的私人住所作为临时电报所以保持慈禧太后与封疆大吏的联系。盛宣怀当时对信息的控制比国民党时代、集权时代有过之而无不及。等义和团事件平息以后,盛宣怀还专门嘉奖了电报局的员工,这些员工令行禁止,该发的不该发的,都能严格执行。一方面,民间精英用电报来进行政治参与,另一方面,清政府也用电报进行信息舆论控制。这个经典的例子,可以从"东南互保"这个时代明显看出来。让李鸿章、袁世凯这些"开明派"感到欣慰的是电报控制在盛宣怀手上。

张海洋(中央民族大学民族学与社会学学院教授):感谢永明兄来做这个

讲座,尤其是一开始灯语、旗语这些特别有意思,然后说电报技术的发明,时间战胜了空间的这个观点实际上是很重要的。因为让我们连起来想,进化论很大程度上战胜了传播论,我想如果没有电报、统一的标准时间等这些东西的话,所谓的进步落后都不会这么普及。发明电报的时候也是发表《共产党宣言》的时候,进化论也是这个时候提出来的。但是它毕竟在中国延宕了三十年,而这三十年又是洋务运动发生的时候,前面十年我们可以理解,因为太平天国,大清国从满人当权到汉人崛起,19 世纪 50 年代到 60 年代天下不宁,19 世纪到 60 年代有了洋务运动后还延宕了十几年,这有些不正常,需要进一步解释。当时不管怎么样,洋务派占有一定优势,但还是不能把这样一门技术普及开,还有什么其他的解释,除了中国政府与洋人的权益的种种角力之外。下面就是我的感想,就是说通电与自治体的关联是比较大的,社会要有那样的乡绅或者一个人可以影响其他人,跟我们现代社会有点不一样。现代社会没有正式的精英,除了党以外,任何一个人挑事的话,马上就会被孤立。作为一个个体我们不认为他背后还会有其他人,有就是外国势力。

潘蛟:我补充一下,他谈的和我谈的有一定的交织,我们可以看到清末也有其公民性、市民性,不同利益代表有不同的见解,这些都与产权的自主有关,有一定经济的标杆。公民社会的城镇要素多一些,因为有不同的主体、不同的产权,上层要有公共事务治理。整个社会变得统一化,这个竞争和我们生产资料一样,根本上说就是所有人没有自主性,变成了整体中的一部分,所有公民的自主性可以笼统到一起。还有一个问题,如果谈电报对中国政治的影响,就谈的范围太大了。只谈谈边疆这个问题,通电的前提是让别人知道,电报只需要少数人知道。社会主义一些特别的时期,当一致性不能确认的时候,一致性就成为一个问题。

周永明:张海洋老师您说为什么延宕了三十年,我同意您的观点。前十年他们没有精力去做这些东西。我书上提到一点,中日台湾战争之后,决策者也达成了一致,电报可以用,就委托丹麦的电报公司建立了两条线,一条是从福州到马尾的电报线,一条是台中到台北的电报线,福建招商局请他们做以后,他们马上赶工。福州到马尾的线比较短,一个星期就修好了,想接着修台中到台北线的时候俄国就站出来了,因为俄国人 1861 年到总理衙门要求在中国设立电报线的时候,当时的恭亲王敷衍了他们,说如果你们在中国陆地上建了以后我们就没法给你看守着，因为百姓讲究风水，会被他们破坏的。俄国公使就说如果什么时候中国允许外国建电报线的时候，我们俄国必须第一个过来建，享受最惠国待遇。但俄国听说丹麦公司已经在修了，俄国人就到总理衙门说这个事，但是当时信息传播没有这么快，总理衙门也不知道福建发生了什么事，就说我们调查一下究竟发生了什么事。俄国公使竟然把福建招商局和丹麦公司合同的抄件直接给了总理衙门，这时候总理衙门只能搪塞俄国说不是丹麦在建，是我们中国人在建，我们只是转包给他们了。然后就策令福建和丹麦公司谈判把线买回来，但是丹麦公司不愿意。扯了两年皮，等到沈葆桢成为福建巡抚时，解决方法是赔给了丹麦公司一大笔钱把线买回来又拆了。虽然与丹麦人、俄国人扯皮又耽误了几年时间，最后决策定下来了。第二个问题，我同意你的观点，我觉得清朝末年不论是从社会组织的多样性，还是从政治信息控制的强度来讲，都比后来的国民党时期包括现在更松动一点。我看通电在20世纪新政年代的应用，目瞪口呆，中国的政治信息本是严格控制，晚清的人要知道宫廷政治的消息，当时主要是依赖《京报》，好像是北京的出租车司机他们知道政治局开会的内容，他们把它印出来卖给有需要的地方官员，或者是富商大贾。《申报》出来以后，每期都把《京报》的内容附在第八版上，后来慢慢地《京报》的信息就变得过时了，边缘化了。等到1900年，保路运动时候，盛宣怀等总督、南北洋大臣他们对特定事件的意见都会被登出来，观点都是公开的，这个我想我们都没有相似的经验。比如南水北调工程，张德江怎么批示的，汪洋怎么批示的，我们不知道。这种情况直到南京国民政府建立以后才被收紧。

学生：我有两个问题，讲到通电我认为对它利用最好的应该是中国共产党，比如巴黎的消息传到北京之后，早期的共产主义组织推动“五四运动”，后来的“皖南事变”，周恩来发表的通电，还有中共谈判时候利用的通电，我认为共产党可能利用得更好。第二个问题，您刚才说晚清时期的商会有年轻人中的知识精英，还有一些中共的地下组织，还包括现在一些恐怖组织，他们制造一些事件之后会给媒体发一些视频，说自己要对这件事情负责。我认为利用媒体进行政治参与的手段，是不是与主流话语权之外的弱势群体有一定的联系？请老师解释一下。

周永明：第一个问题，共产党对通电使用的有效性是不容置疑的，它作为历史的成功者有方方面面的原因,共产党利用媒体包括通电进行宣传,比如"七七事变"以后,中共的政治通电,还有和各个党派、政治人物的通电都是满天飞的,中共只是之一。"皖南事变"以后的通电,包括周恩来那首很有名的诗也是面向全国的,主要还都是登在《新华日报》上,我没有做过考证,它不一定被全国大范围的报纸刊登,特别是国民党自己控制的报纸会加以限制的。你的第二个问题,发通电的在经济上有一定实力,政治上有头有脸,有诉求要发表意见,对政治事件有参与,这是主流。但这并不排除当时社会上处于边缘群体的人也利用新型的技术表达他们的观点。在保路运动中,除了铁路公司、总办、地方官员、乡绅等人去发电报以外,也有学生、公司小股东也发电报,我同意你的观点,要兼顾主流的使用者和边缘的使用者,主流的使用者永远是手上握有资源,说出来的话很可能会被报社刊登出来的说话者。当有道德上的优势,实力上的劣势时,因为发通电不会为鸡毛蒜皮的小事,发通电的往往是由道德制高点上一些人,要保皇、保路、立宪、请愿,在这种事情上会去发通电。

潘蛟:同学如果大家没有什么问题,我们今天的讲演就结束。再一次感谢周永明教授。

“天人合一”与“他者”:为回应某些论述而做的一部分准备工作

主讲人:王铭铭(北京大学社会学系教授)

主持人:潘蛟(中央民族大学民族学与社会学学院教授)

(一)由费孝通先生的相关论述所想到的

其实问题比较简单,是对费先生等社会学、人类学的前辈们作一点回应。费孝通 1996 年之后对“文化自觉”展开的论述引起了各界的关注,有些东西值得我们思考。第一个是“文化自觉”,事实上他是谈以北大学人为代表的知识分子的使命——从“由之”到“知之”:“由之”是摸着石头过河,到现在的“知之”,中国的历史要在有知识的情况下发展。“文化自觉只是指生活在一定文化中的人对其文化的‘自知之明’……”(《费孝通论文化自觉》,第 5 页,呼和浩特:内蒙古大学出版社,2009 年)。因为这样的思考,他和北大校长进行了一些交流,谈了对“文化自觉”的看法,喊了一些格言式的口号,如“各美其美,美人之美,美美与共,天下大同”(第 6 页,后改为“和而不同”)。第二点是关于怎样认识自己的文化,他认为条件是跟别的文化有所接触,“只有在认识自己的文化、理解所接触到的多种文化的基础上,才有条件在这个正在形成中的多元文化的世界里确立自己的位置”(第 22 页)。在论述“文化自觉”的过程中,他在 2002 年、2003 年期间,谈到了“天人合一”,也就是我这个主题的来源。费孝通认为基于我们的文化对人与自然关系加以再认识,使我们有可能造就一种新的社会科学。〈见《文化中人与自然关系的再认识》(2002),《试谈扩展社会学的传统界限》(2003)〉他的基本判断是迄今为止的社会科学都是在协助工业革命进行“天人分割”,而不是“天人合一”,“天人分割”造成了很多危险的问题。关于怎么解决“天人分割”的问题,他认为应该回到我们传统里去寻找思想之源,特别是通过这种思想之源的恢复来重建社会学。因为我们的社会学都是研究人的社会,不研究动物的社会,更不研究其他的存在和人之间的关系,社会学是工业化人与自然割裂的帮凶,费孝通在这两篇文章里谈到了这些问题。费孝通的这些话会使我们想到我们学科的一些前辈,费孝通先生对生态的关注在我们学科里并不是第一个,英国、法国还有美国的大师们也曾经谈到相同的问题。其中两个人给我留下了极其深刻的印象,一个是法国民族学的创建人莫斯(Marcel Mauss),他是在发展一种关于人和物、人和神、人和人这三对关系的民族学;另一个是英国现代派人类学的创建人埃文斯-普里查德(E. E. Evans-Pritchard),在《努尔人》这样的书里,他用更精彩的民族志的方法来分析社会结构和生态之间的关系。

由此我们可以提出一些问题。第一个问题是费论是否是西方论述的非西方化?我们认为是回到自己的传统,但事实上是借着西方人类学的手段,走向西方化的。好的西方社会科学"二战"以后传到非西方社会中来,此类西方论述与现代性一道传播到非西方世界,有时成为后者斗争的"武器",或被用来向西方展示非西方的文化优势,或被用来追溯"恶"的西方根源。我们说工业化是西方引起的,破坏自然也是西方引起的,我们是不是借助了西方内部反思性的意见来发展我们的理论武器呢?在座的诸位没想到的话,西方的人类学家在看到费先生的诸如此类的论述后会想到的。我们提的这个问题是有一定依据的,东方社会中现代化的手段和道路是更为激进的,如此东方人类学比西方或北方对现代化的批判更为激进,甚至出现了以批判西方世界观为己任的倾向。其中,有些倾向直接涉及文化中人与自然的关系。

跟这个相关的是,当我们有"天人合一"的时候,我们倍感"理论自信",我们认为我们的祖先都是"天人合一"的,受了西方的影响才会天人分离。如果我们前面的质疑合适的话,可能也会让我们思考以下的问题:"战天斗地"是否完全没有中国文化的根源?费孝通先生说我们之所以"战天斗地",是因为接受了西方工业化以来的思想,我们历史上就没有和大自然作斗争的思想吗?我们回到毛泽东同志破坏大自然的作为中,他也是从古人那里学到"愚公移山"的故事。如果我是一个外国人类学家,我看到"愚公移山"这个故事,我会很惊讶,不会认为这是中国传统的故事,外国汉学家在研究中国农村社会的时候,总是把山看成是农业的边界,是中国人恐惧的、尊重的大自然的地盘,中国人绝对不会想把山给移掉。我再讲几个证据来支持我的问题,古代中国重视促成政治秩序与宇宙秩序的对应,但这种对应使儒家很高兴,他们认为这是"天人合一"一种最好的表现,其中以钱穆先生为代表,但他讲的是从人的历史文化积累而不是以大自然为中心来看"天人合一",假如钱穆先生有证据的话,那传统中国一定是有这个特点的,以"心"而不是以"物"为中心来思考人和天的关系。第三个证据是长期致力于研究中国科技史的李约瑟先生,他对中国的"天人合一"作了很多解释,但是他说"天人合一"不是我们认为的人和大自然的和平相处,李约瑟认为中国的"天人合一"是有机的唯物主义,无论是人的世界还是自然的世界都是有机的组织起来的一个物质的而不是精神的世界。在中国的宇宙观里有一个特点:充斥着严格的等级制度,不仅人的世界被赋予"君君臣臣、父父子子"这样的等级安排,自然界也会按照人类的等级制度加以安排。最后一个证据是古代中国人"自我"与"他者"的观念,古代中国存在己(腹)与它(蛇)、人与物、夏与夷的对立,我们常说的"夷夏之辨"指的就是我们该不该把另一个民族看成是非人,此类对立的存在说明我们也有"民族中心主义"(ethnocentrism)。有"愚公移山"的传统、有以"心"为中心的哲学、有等级主义的有机唯物主义的思想、有"自我"与"他者"两分的传统,我的感觉是我们并不是有那么一个美好的传统,因此我们该思考一个问题,当我们说我们祖先的宇宙论优于西方时,我们是否缺乏"自知之明"?我们中国作为一个整体不是一个少数民族,是欧亚大陆的一部分,我们不是列维-斯特劳斯所言的"冷社会",我们是"热社会"(所谓"热社会"就是耗能很大,最后会自我解体的社会),如果说这是个文明社会的话,它和其他的文明社会一样会有文明的偏见。

前面讲的是对题目的解释,什么叫"天人关系与他者",意思是说是不是只有我们有"天人合一"。我的讲座的意图在于:接触中国论述的外国"伙伴",对我们的相对—普遍论再度加以相对化,并使之拥有更广阔的视野和参照体系,主张在得出结论之前,进行广泛的、反思的宇宙论比较研究。

(二)如何摆脱"自我纠结"?

我很热爱我们的文明,我自己也致力于从我们的文明中提出一些理论,甚至像关老师说的我有"中华帝国主义"的嫌疑。但是我们认为"文化自觉"

会不会变成一种“自我纠结”,我们是不是面对一种思想的困境。以费孝通先生为例,他说以“天人合一”来拓展社会学的视野,首先会让持文化相对观的西方人类学家感到高兴,比如列维-斯特劳斯会很高兴,他终身拒绝来中国而选择去日本,他认为中国是一个破坏文化的国家。费孝通的论述会让他感到高兴,因为这符合他对文化守诚的态度。然而我们必须认识到,费先生的这一作为放在人类学史中会有另一番理解,我们会认为他晚年作的“文化自觉”的论述,是“第三条道路”(不是相对主义也不是普遍论),是一个人文主义的人类学家,就他个人的学术史而言,是从普遍主义的社会人类学向相对主义文化人类学的过渡。这样的思想过渡,如已经被证明的那样,在西学中已经完成过——如从芝加哥学派向博厄斯学派的过渡。相对主义来源于德国,在美国被明确提出来,博厄斯(Franz Boas, 1858—1942)的这段话是美国文化相对主义最好的口号:

...Owing to the breadth of its outlook, anthropology teaches better than any other science the relativity of the values of civilization. It enables us to free ourselves from the prejudices of our civilization, and to apply standards in measuring our achievements that have a greater absolute truth than those derived from a study of our civilization alone.

——*Franz Boas*, "*Anthropology*", *a lecture delivered at Columbia University in the series of science*, *philosophy*, *and art*, *December* 18, 1907, *cf. Franz Boas Reader*, *pp.* 280-281.

在Boas之后美国和欧洲的人类学关于相对性产生了不同的见解,大致有这几个阶段的变化。第一阶段是美国人类学出现相对化的阶段,一方面,博厄斯的相对主义被极端化为文化与人格学派;另一方面,在美国的芝加哥大学、哈佛大学这两所受欧洲影响更为深刻的大学里,普遍主义通过社会人类学和社会学两条道路被建立起来,其中一条道路是芝加哥大学社会学之下的社会人类学研究,他们讲的是大小传统的关系,是普遍适用于农民社会的,另一条路是哈佛大学Parsons的社会学,是结构—功能主义社会学与韦伯式现代性特殊论的奇特综合,“一战”“二战”之间这些思想都发展得非常好。第二阶段是由两个人物构成的,Leslie White和Julien Stewart,前一个人主张进化还是可以为人类学所研究的,博厄斯认为社会是不能用进化的观点进行研究,社会发展的规律是不存在的。White 从前苏联学习了进化论的观点,并把它延伸成为能量学说,认为"进化"意味着我们运用能量的效率比别的社会更高。他的观点受到 Stewart 反对,他提出生态人类学的观点,Variation in the complexity of social organization as being limited to within a range possibilities by the environment。他强调每个社会各自不同,没有一个单一的发展路线。西方人类学是不断在普遍和相对之间穿梭的,Geertz 成名的时代,多数的普遍主义者战胜了相对主义者,相对主义者被认为是美国人类学过时的口号。第三阶段出现了 Clifford Geertz 进行的解释人类学的研究,他的一篇文章叫《反反相对主义》,反对那些反对相对主义的人,他主张相对主义还是有一定道理的,不是全部有道理的。再经过了第四个阶段,结构人类学大师 Claude Levi - Strauss,他基本上是跟巴西人、美国人学的人类学,本质是普遍主义者。人类学对他的评论恰恰是这个普遍主义者固化了西方人类学的他者形象,固化了"异族""原始人"等群体与欧亚大陆文明的不同。前四个阶段都论述了人与自然的关系,Boas 之后,人们更集中于文化和社会的论述,对人和自然的关系问题关注较少。到了新进化论和生态人类学的阶段,环境自然又成为核心了,White 的能量学说实际上也是把大自然化为人类能量的过程,和他相反的一派则认为他们不可能这么做。Geertz 特别重视世界观的研究,在他的很多文章中,表现出对人间世界的重视,他对人间世界的描述也是奠定在对地理、天文其他氛围的研究上。到结构人类学,天人关系成为更核心的主题,列维 - 斯特劳斯在《图腾制度》中谈到 Boas 的看法,我认为列维 - 斯特劳斯的多数作品是在和这句话对话的:Boas 认为人与自然的关系和社会群体之特征这两者之间的关联,是偶然的和随意的关联,它们之所以看起来这样,是因为这两种秩序之间的真实关系是以间接的方式穿过心灵的;列维 - 斯特劳斯是要重新定义文化的,其必然性而不是偶然性,他认为所有的社会制度都是奠定在文化的基础之上的,而文化的人对这个世界有逻辑的表达,从摆脱自然人的阶段开始,文化(心灵)是自然与社会之间的中间环节,诞生于社会分离于自然时的矛盾心境之中,这一矛盾为所有人类普遍地经历着。(第 16 页)

让我们回到费孝通对"天人合一"的看法。当我们说自己的文化有特殊性时,是否正符合 Boas 文化相对论的需要? 以费先生为例,我们对"三级两跳"的(工业主义)论述及对"天人合一"的(生态主义)论述,似乎已分别出现于20世纪50年代前后的新进化论与生态人类学中,只不过我们的论述在历史深度上,远低于西方人类学;而我们对相对与普遍的论述,也出现于60年代的解释(韦伯主义)与结构(马克思主义)人类学的研究中,即使我们采取超越二者的观点,也难免也采纳政治经济学派的套路,我们似乎命定地摇摆于西学的"规范"与本土的"思想"之间。

(三)近期几位新生代西方人类学家的研究

另外,如"天人合一"那样的意象,近期已诱使几位新生代西方人类学家走向另一种"田野"。其中值得注意的有其中有法国"后后结构主义"、巴西的"透视主义"、英国"狩猎-采集主义",这些我们要稍微有所了解。

"后结构主义"是Levi-Strauss老年时候提出的,"后后结构主义"是他的接班人Philippe Descola提出的修正主义。

Descola研究的个案是The Achuar:人口18,500人,地处亚马孙流域,厄瓜多尔与秘鲁交界;多偶婚,早期农耕与狩猎;男女保持自然分工——女生养儿女,做饭,带猎物,男在森林里打猎。Achuar的世界分为房屋(家)、农园(女人)与森林(男人,公共集合活动)三个层次,三个层次形成一个的连续体。男人的狩猎活动以姻亲关系为模式:(1)森林中的猎物被视作与人类姻亲对象相近的东西,人用引诱、触摸方式"勾引"之;(2)猎物被其母亲控制,有如家中的人类女性管理孩子、牲畜、谷物。Descola通过民族志个案,说明Achuar的社会与自然划得很清楚,用文化的亲属制度加以规定,一般农园为森林所包围,充满威胁,认为有精怪吸食婴儿的血。这个地方很不幸,亚马孙流域的开发使得Achuar人生存环境恶化,1964年发现石油,河上的油管破裂使Achuar人本赖以洗浴与饮用的河水遭受污染。泛亚马孙流域泛灵论宇宙观(Amazonian Perspectivism)有以下特点,也是在说"天人合一"的。(1)动植物被认为拥有人的灵魂,灵魂是一致的,肉身有差异。(2)带有人类灵魂的动物十分重要,代表社会化的自然。猎人之成功,取决于他是否与猎物及猎物的守护神"kuntiniu nukuri"(literally:"game mothers")培养出良好关系,要培养这一关系(基本上属于姻亲关系),猎人需要一生,狩猎时,猎人要向猎物表示尊敬。(3)相信带有人类灵魂的物体有能力用语言和符号交流,在灵魂之旅"arutam encounters"中人可能遭遇这一交流,灵魂之旅产生于饮用导致幻觉的饮料之后,是一种"自觉"的状态。此间,梦十分重要,具有 revealing 和 foretelling 的作用,在出发狩猎、打鱼或打仗之前,男人都期望做梦。(4)农园精灵 Nunkui 管理农业,女人唱 anents, magical songs, 与植物、精灵和其他物种交流,这些歌很私人,一般是秘密唱的。19 世纪后期,泰勒在《原始文化》中对泛灵论进行了定义,"后后结构主义"者认为"animism"是亚马孙流域少数民族的"天人合一"观,泰勒对"animism"的定义是"灵魂与其他精神存在的一般信仰,animism often includes ' an idea of pervading life and will in nature, a belief that natural objects other than humans have souls ' "。

Descola 等"后后结构主义"有一套普遍主义的理解,是相对的普遍主义,我们后边会意识到。他的本地学友 Eduardo Viveiros de Castro(1951 年出生,巴西人类学家,巴西国立博物院教授、里约热内卢联邦大学教授)的人类学观把亚马孙流域的宇宙观极端化为对西方宇宙观的批判,Viveiros 把"animism"(泛灵论)推导出相互关联的三点:第一点是认为所有人、物、精神存在有精神的共同特质,而肉体特征不同;第二由此推衍之,在亚马孙流域的少数民族看来,文化(精神)是一致的,而自然(物质)是有别的,文化是单一的,自然是多样的;最后一点,所谓的"amerindian perspectivism"是一种 multi - naturalism,而非 multiculturalism,这是西方人不可能想象得到的。西方人经常把自然看成是一元的,文化和精神是多元的,在西方思想界会提出多元文化主义,而少数民族会想到自然是多的,而社会文化是一的。

Viveiros de Castro 在西方最近很有名,他的言辞比费孝通还激烈得多,他挑战了西方关于文化和自然的理论。Descola 和 Viveiros 都谈到了如何理解动物对人的看法,他们特别重视萨满的研究,通过萨满的思想,透视到动物如何想象,主张广泛的开展神话学研究。Descola 把世界宇宙观分成四个类型:自然主义的宇宙观(体同,灵不同)、泛灵主义宇宙观(灵同,体不同)、图腾主义宇宙观(人与非人体、灵均同)、类比主义宇宙观(人与非人体、灵均不同),大家有兴趣的话可以看他最近的两本书。

第三个值得我们关注的研究人与自然关系的是 Tim Ingold。Tim Ingold 是西方人,但跟巴西人 Viveiros de Castro 一样认为,狩猎 - 采集人的宇宙观对于西方宇宙观而言,是一颗"炸弹",只有狩猎 - 采集人的世界观是值得研究的,只有这个时候的世界观是人和自然真正的"天人合一",人和天存在 trust

的关系，狩猎－采集人被农业和牧业替代以后，人类就进入"domination""growing"的概念当中，已经不是"天人合一"了。Ingold 将这个观点在 *The Perception of the Environment* 中重新书写，把人类历史化分为三个阶段：狩猎－采集人、牧人、农人，这三个阶段是人与物的关系的三个不同阶段：第一个阶段是人很信任动物、植物；第二个阶段是游牧民发展出支配性的观念，他们平时要牧牛、牧羊，要控制这些动物；第三个阶段是顺时。2007 年，Willerslev 对 Ingold 的研究提出继承与批评，他以西伯利亚东北 Yukaghirs 人为例，说明狩猎－采集社会人、动物、精灵持续相互模仿的"实践—观念"，认为这些"物"是"doubles of one another"，批评 Ingold 说，其对笛卡尔精神—物质二元论的批判是好的，但论述自身又陷入海德格尔"反省—实践"二元论，认为实践先于反省。

西方人类学家如法国 Descola 研究环境论时，用诸如亚马孙人之类的他民族为例，以其世界观反观包括近代西方文明在内的世界诸人文类型的特点，而有良知的西方人类学家如英国的 Ingold 及批判的"非西方人类学家"如巴西的 Viveiros de Castro 及中国的费孝通，则认为西方的他者对自然比西方善良。

（四）更有甚者，有欧洲人认为，自己的祖宗也是"天人合一"的

我前面谈了两点，第一点是天人关系一向是相对主义和普遍主义争论的焦点之一，第二点是 1990 年以来在西方人类学界有众多重要的关于天人关系的民族志，这些观点有的激烈有的不激烈，有的是分类学的有的是批判性的。所以第三点是有欧洲人认为，他们的祖宗也是"天人合一"的，这就牵扯到儒家的与西方的该怎么处理，儒家是世界的救星吗？我们在国内可以如此想象，古代中国"天人合一"名义下的诸种可能"关系"：第一种是"合一"，我们为宇宙所"合"，所"被吞"，或者我们在"合""吞并"宇宙；第二个是对应，宇宙和身体、和社会的秩序的对应，认为人间的政治秩序是天上宇宙秩序的对应；第三，古代中国也存在天人分离主义的思想家，认为人和大自然之间区分，不然人不会有尊严，多数的激烈的"夷夏之辩"的持有者都会认为，必须有天人的分离，不然华夏人就没有自尊。儒家主张"天人合一"是世界的救星，他们有他们特殊的考虑，举钱穆先生的例子来说他们是怎么考虑的：在中国传统

见解里,自然界称为天,人文界称为人,但一面用人文来对抗天然,高抬人文来和天然并立,但一面却主张"天人合一",仍要双方调和融通,既不让自然来吞灭文化,也不想用人文来战胜自然。(《湖上闲思录》,第2页)。据此,他认为只有儒家才真正地达到这种文化的平衡,在这种平衡的基础上发展出有历史文化价值的群业,在人文方面集体的"public good"。其他学派之所以会破坏世界,是因为它们共同有一种个人主义的倾向,钱穆举例:荀子是以性恶论为主的,是不能理解历史文化的群业的;基督宗教的个人主义,和荀子一样,主张性恶的,否定人生复归自然和历史文化之群业的可能;佛教悲观的人生观不会想去发展群业;近代西方有些人来补救这些缺憾,主张回归希腊,探讨古希腊的人生观,但不放弃个体主义,回归中世纪来补救自我。我们对钱先生、费先生很敬仰,但是还是有人类学给我们提出来的问题。

我们不是狩猎-采集人,我们的文化是否与他们的一样亲近大自然?在人类学界,Ingold、Viveiros de Castro 的论述被认为言辞激烈,但问题不大,因为他们是为"弱小民族"说话,这是人类学的伦理。而费先生的做法,则可能引发争议,因为他是在替一个跟西方文明一样强大的文明说话。严格说来,这一可能的批评是值得考虑的,因为作为欧亚的一部分,中国也经历了农业革命、都市革命及帝国建设,近代更出现了强国物质主义之梦极大的自我解散的能力,因为自己太"热"了,"热"过头了就容易有自我的瓦解。于是我想,以下比较有助于中国人看见自己的弊端:其中一种比较是,古希腊和古中国的不同类别的人物吃不吃饭,吃是人和自然关系中核心的部分,古希腊笔下的神话的人吃得很有限,神是永远不需要吃东西的,介于人和神之间的英雄也不怎么吃;而古代中国人是要吃的,吃无限之物,我们的神是必须吃饭的,我们会供奉很多东西,我们中间没有英雄,古代英雄指的阳刚之气很足的人,很难有 hero 的感觉,我们人和神之间的不是英雄,是仙/圣人,他们吃人很难吃到的东西,比如宇宙精华,我们的文明是这样的。在欧洲,有人也批判过自己的文明,比如福柯(Michel Foucault):福柯笔下西方近代的宇宙观是很悲剧性的,因为它是彻底不反映任何世界关系的,彻底被割裂成文化、符号体系,这是很悲剧的,因为人的思想已经不反映事实了。很多人也在研究欧洲人并没有福柯说得那么坏,Bruno Lartour 是其中一个,他认为世界上存在两种宇宙分类的方式:在人和非人之间,在 *We Have Never Been Modern*(1993)一书中,Bruno Lartour 论“洁化”与“翻译”。

Remi Brague 说,我们已经看到,古典思想怎样努力把对善的道德追求与自然界中的善的大量存在相一致,自然被作为美的秩序、作为“cosmos”加以认识和感知,我们已经看到人类与世界之间桥梁的物理支柱怎样坍塌,我们现在必须回答同一个问题,必须寻找世界的另一种概念,它将不再是物理学的,但是它要解释人类存在于并“在这个世界上”生活的方式。(La Sagesse du Monde:世界的智慧,第 298 页)Keith Thomas 说近代尤其如此,他以英国为典范对天人关系的若干时代进行论述。(1)人类中心主义时代(15 世纪中到 18 世纪初):国教和“古典学”怎样划分天人界线、证明人优越于物,为工业化扫除障碍。(2)博物学时代(17 ~ 18 世纪):动植物学如何一面因袭“人类中心主义”,一面证明相反的道理。(3)“宠物时代“(18 世纪中):物人同感,生物学,物的“家居”。(4)植物宠物化时代(18 世纪后期):森林公园与花园,宠物引到自己的家里来,后院前院盖一些花园,植物当成自己的宠物,这个是由于人类中心主义的,植物学在这个时期得到很大的发展。

实际上并没有一个单一的西方的天人分裂的历史,在欧洲的一般人的文化和思想界持续的一些争论,欧洲并没有说全部的人都只要都市化,也不是全部的人都想征服大自然。城市与乡村、耕耘与原野、征服与保护、杀生与慈悲之间长期存在争议,而且各有各的做法。英国虽然被马克思、恩格斯描绘成工业资本的典型,这个典型比中国环保太多。拓展来看,我们前面讲这么多,可以想到几个问题,对人的不完美的认识,有助于限制人的破坏性;对人的自然属性的认识,以及动植物学与人类学的连通是欧洲的植物学始料未及的,对于古代与异类的好奇心与同情心,这我觉得在西方是很普遍的。除了亚马孙流域和西伯利亚人的几项研究,这些研究都很精彩,我深深地感觉到不仅南半球的人和北极圈的人是我们的他者,西方不也是我们的他者吗?

(五)结论

有没有结论呢?我也不知道。我有几个问题:第一点是说我感到“天人合一”似乎不是我们自己想到的;第二,关于相对与普遍,比如说人类学家认为人类在破坏自己的生存之根这件事情上,所有的人类都是共通的,这样相对性是不是被忽视了?我们的自知之明要不要包括看到这种破坏性?第三,很多人认为只有"南方"(并延伸到多数"少数民族")才是"天人合一"的,中国主体(并延伸到"北方"、"旧世界"、欧亚大陆文明或"大民族")并非如此,南方指的南半球,是人类学家的研究对象,北半球是人类学家的出生地,这两个是隐喻,人类学家出生于文明社会,研究的是野蛮社会,野蛮社会才环保的话,文明社会是不是要自我反思;第四,西方并非一团漆黑,古希腊到中世纪的宗教史,近代英国的宠物、植物学,比我们还是要丰富得多,至于和民族学有什么关系我也不知道。我们经常想要得出一些道德结论,我主张的是无论跨文化的道德结论如何,比较宇宙论研究是必要的。我就讲完了,谢谢!

评议与讨论

潘蛟:谢谢王老师的演讲,今天我们系的很多教员也来了,我们讲座不一样的地方是老师和学生可以一块学习,感谢各位老师、同学的参加。作为主持人,我先讲讲我的心得和感受,老实说我感到又惊喜又失落,失落的是他又读了很多我没读过的书,他从英国回来的时候给我们带来社会科学,来民大的时候他去搞人文,几年不见,他现在又去搞自然去了;还有一点让我失落的是我们好不容易把西方当成是破坏自然的,今天他告诉我们西方也讲"天人合一",我们一直以为"天人合一"是中华文明最伟大的,而他说我们的"天人合一"是假的,我们的神都是索取的,我们的社会是"热"的。他来民大做中心主任的时候,那段时间他给我的印象是文化保守主义者,我发现他今天的批判很猛烈,他看到西方的多样性传统,也看到中国的传统本身也是多样的。实际上我理解他谈的"他者",近几年我们一直在强调我们的传统怎么亲近自然,实际上我们在构建一个毁坏自然的工业文明,我们把这些后果强加给西方,我们的"他者"不仅外部的他者,还有内部的。总之,他在提醒我们不要过分把我们的传统本质化了,要看到我们传统的多样性。接下来的时间给大家,提问评议都可以,最好先报报自己是哪个单位的。

关凯(中央民族大学民族学与社会学学院副教授):我有个强烈的感受,用他者的眼光来看"天人合一"实际上还是在分类:一方面看中西内在有通的一面,另一方面也看到东西的区别。我的困惑是在这样的视野里,最后虽然没给出结论,但我很好奇,在"天人合一"的分类体系的中西之间到底是普遍性高于分类的特殊还是说这里边有一个很大的差别,还有一点是这样讲了“天人合一”的概念之后,忽略了一些其他很重要的因素,比如说一神论的宗教和我们儒家没有来生的宗教,这样不同的知识体系对这个概念是不是也有不同的想象?

王铭铭:这个我回答不出来,东西方之间有区别还是一样的,这个问题我听懂了,后面一部分我得慢慢领会。我觉得东西方之间是有共通的。我们都有很漫长的文明史,有几千年的文字的历史、金属工具的历史、国家的历史、阶级的历史,这是我们共通的。只要有了文字,就有可能产生帝国,因为可以用文字号召更广阔的人群,一纸空文可以做成很多事。

第二点是一神论和非一神论,以前我们都觉得非一神论比较好,到今天为止很多民族宗教学的学者还是认为,无神论或者多神论的观点是比较和平的,一神论是有其优点,建立起一个“一”来对称“多”,“一”可以限制自我的欲望;多神论的话,我们每个人都能找到自己的影子,找到自己实践的理由。以前有人研究中国到底有没有神的观念,这一点我们要客观地看待,因为自豪忘记了我们的研究,会处理不了国内的地区性和民族性的问题,我们的民族学的一大弊端是不善于有自知之明,自知之明的条件是理解甚至是暂时欣赏对方的宇宙观,不然不可能是一门和平的学科。尽管说起来容易做起来难,宇宙观的研究是一个能够表现民族学的跨文化交流的一个面。总而言之,提出这个问题是说我们的很多学术论述只停顿在意识形态的反复论证里,我的观点可能有点极端,事实上我是想把一些有意义的意识形态的问题放在学术领域里面进行讨论,比如说我刚才举的例子希腊和中国人和神的区别,这个例子是极端不严肃的,但这种比较有助于刺激我们去看其他社会中人和神和我们的区别,我们的人和神都是要吃的,在我们汉族的社会中,其他民族我不知道。

张亚辉:(中央民族大学民族学与社会学学院教授)王老师今天讲的这个,我自己都觉得有点新鲜,因为这样系统的讲,我也是第一次听。

我的问题和评议分的不是很不清楚,有两点想谈一下。一个是西方社会的三圈,从西方的中心到普世文明再到古代社会,三个发展不同的社会有不同的人类中心论,也有不同形态的对人类中心论的批判和反思,中心圈并不是指近代西方的全部,而是指近代西方资本主义工业开始发展之后的社会。

您还是想把古希腊罗马世界,包括中世纪宗教改革放到古代文明的范围里去论述。这里有一个比较特殊的是狩猎－采集社会,不论在传播伦还是进化论里,狩猎－采集社会都非常符合列维－斯施特劳斯所说的人刚刚从自然之中被分裂出来,他们的天人观念是最真实的,也是最有力量的,在这里对观念史和社会史的分类是合一的。到后来的游牧社会和农业社会中,观念史和社会史的分裂越来越清晰,到近代西方之后变得最为清晰,在观念上说一套,在实践上是另一套,说话的人和干事的人不是一批人,我不知道您是怎么处理这之间的关系,钱穆说得很清楚,他的“天人合一”纯粹是知识分子自己玩得高兴,他们也不敢说中国的农民和牧民是“天人合一”的,怎么去确定观念和社会史的关系,这是我的第一个问题。

第二个问题是您在教我们的时候一直在强调比较性的宇宙观研究,比如说一个社会中多种宇宙观并存的时候它们的比较关系、互动关系是什么,这个我很受益。今天我有一个反思,当我们强调人和自然的关系的时候,这和人与人的关系是有关的。比如西方人对自然的压迫出现在近代资本主义发展之后,在这个阶段里西方的奴隶制开始逐步结束,人对人的压迫变少的时候人对自然的压迫就开始增多;反过来自然对人压迫增多的时候,人对人的压迫也会减少。像您刚才提到的北极圈社会、极地社会,他们的生存状况很艰难,自然对人的压迫很强烈,极地圈之所以面对的伦理危机最小,是因为人必须接受自然的压迫,这三种压迫看起来像是此消彼长的关系。我们该怎么看这个问题,如果要解放人和自然的关系必须在某种程度上恢复等级制度吗?比如对马尔萨斯人口论的反思导致西方社会人对自然的疯狂开掘,当这些疯狂开掘出现问题时,西方把这些问题转嫁到殖民地,他们解决这个问题的办法是把后果转移到对非西方他者的压迫。这样一来,会不会导致开始的比较宇宙论的研究变成最后神义论的研究,我们怎么去判断这几种压迫在伦理上的合法性,我们只能在其中取一的话怎么办?我要就说就是这些,谢谢!

王铭铭:这个问题很深,我也是回答不出来。第一个问题是说怎样把社会生活和宇宙观的研究联系在一起,我没有这样的能力,我有的是在我研究过的地点进行这样的联想。我今天的态度是认为这个联想是没有必要的,完全可以在观念领域里展开比较研究,而且是利用别人的成果,如果把所有的观念都回归到社会史,在我看来是不可接受的,我一向遵循的是观念先行的社会史,而不是社会先行的观念史。

第二个问题牵扯到我们的道德结论,这里面的各种关系很复杂,不能只看表面宇宙观,宇宙观是一面实际如何做是另一面。你刚才的举例很精彩,日本也是国内保护环境在国外乱开采,中国可能也有这样的倾向。我们改变不了现实也得不出令人信服的道德结论,我们只能说我们看到的,我们的使命仅此而已。至于怎么从你所说的导出一个道德结论是别人的事情,可能你的问题比我说的更为复杂,有没有一个超然的价值观,估计还是有的,因为这些论述背后的"理"是一种价值观,我不要赋予宗教的或者意识形态的定义,我觉得背后还是有理的,我是按照我的逻辑行走、演说的。你的第二个问题可能是由于你的责任心太强,认为自己能做的事太多,我们能做成现在这样已经很不错了。

张曦(中央民族大学民族学与社会学学院研究员):我比较赞成的是"天人合一"不是纯中国的东西,包括你说的"文化自觉",古希腊先人曾经说过"撒泡尿照照你自己"刻在大柱子上面。我们有共同的历史、共同的书写、共同的工具,都是平均1425毫升的大脑,人和人差不到哪去,这里边是有普遍主义存在的。"天人合一"在本质意义上是泛人类的东西,不是中国特有的,也不是印度特有的,在各自的文化素养中生出来也毫不奇怪。对于资本主义市场关系中人对物过度索取,原来的平衡关系被破坏,我想到的是物极必反,总是这样玩的话总有一种反动,人怎么样和自然相处是共同要面临的问题,把它说成相对的、特殊的是没有必要的。

第二个刚才你说到希腊的神和中国的神,我觉得"灾星树"很有意思。灾星树还原了很多人与自然的关系,和"天人合一"的还原不太一样。另外有一点,人和自然完全分离我始终认为是笛卡尔干的。近代科学出来以后,空间和时间被绝对化,自然成为人类的对象,后来回归到重新看人的时候,就有了人类学。你刚说的怀特的公式很有意思,吃东西人与自然肯定是要发生关系的,希腊的神不吃,中国神要吃,这里关于宇宙论展开很有意思,给我很大的启发。

刚才关凯老师提到一神论,我想到基督教,西方一方面是自然的代理人,另一方面这不是绝对的,还有一种非代理的东西,正和反总是在斗争中可以找出一个折中的东西。在工业革命的时候,市场、资本很厉害,到了后来植物学、博物馆学开始发展,亚辉刚才说把这些关系转嫁到另一个地方去了,但是这也逃不掉思想根子里的东西,我也没什么提问,我觉得很受启发。

学生:王老师好,我是中国人民大学人类学所的学生。刚才听王老师讲美国的人类学有从相对主义到中心主义的过渡,我觉得在中国这个转换太新鲜了,从社会来看还是西方文化的主导,西方人觉得自己欺人太甚了他们要反思反思,我们还在被别人欺负,我们反思是不是太早了,是不是对西方反思的模仿实践?

王铭铭:我觉得我们要敢于面对我们的荣耀,我们曾经是一个伟大的帝国,近代以来的很多不幸是因为这个帝国要被他人定义成一个民族国家。很难说这个帝国的族群性是什么,总归是分分合合,但有一个共同性,有一个帝国体系在,这是一方面。所以反思这个帝国与自然的关系是必要的,我们要承认我们这个帝国曾经是存在的。另一方面,我们要充分用我们的写作展现这个帝国内部知识分子的原创性,反思性和批判性是我们的文明的优点,一个文明如果没有批判性的知识分子,是不值得骄傲的。通过这两点我自然而然会得到我今天的这些问题,我是想表达对我们伟大的国度的热爱。我们不能总是说"我伟大,我伟大",而是通过不同的方式绘制图景,不要以为这世界是西方殖民主义缔造出来的,这是最无用的观点,今天已经不是这样子,历史上从来也不是。我们的学者具有反思的、分析的、研究的能力,我愿意自觉地抛弃西方传过来的世界体系理论、帝国主义理论、殖民主义理论,我觉得这都是错的,难的是我们不知道我们的曾经辉煌的一面,我觉得我们的自知之明比西方而言有过之而无不及,我们能看到的问题比他们看到的多,我们应为此感到荣耀,今天就是要充分表现这个能力的时候。

学生:王老师您好,您这个题目我觉得有一个很重要的议题是"天人合一"到底是什么,"天人合一"被推崇一种观念是很前卫的,我觉得我们的"天人合一"和狩猎-采集社会很朴素很原始的"天人合一"是不一样的,不是一个等级的。我想问的是在人类学中在何种意义上运用这个概念?

王铭铭:谢谢你的问题,我尽力去理解你这样一个哲学的问题,其中有哲学的深度和哲学的偏见,偏见就是说认为少数民族的生活实践是不能和哲学思想相比的,我承认是不能比的,哲学是用逻辑思维和文字写出来的,这和生活出来的一套逻辑当然是不同的,我们这个学科就是想打通这两个。你们学法律的总是过于着急,还不知道事实就想判定结果。"天人合一"我更愿意谈的是对天人关系的研究是有必要的,研究不同文化内部处理这对关系的方法,天人关系牵扯人和物质世界的关系、人和宗教领域的关系,要澄清"天人合一"在不同文化中被赋予不同的解释,"天"有抽象的和具体的两个层次,要在层次上进行细分。"他者"也是这个关系,"夷夏"的"夷"就是"他",也可以是众多类型的他者。中山大学的宗教学家写了一篇文章叫《玛雅人的我他观念》,"我"和"他"并在一起,"我他"是指在"我"之外的综合了"你"的存在的另外一个存在,这种"我他"是在人和天的综合体,可以做很多细的研究。我们的研究一直以来没被重视,民族学基本上是在处理少数民族问题的,先开始有一个大概,后面有一些你期待的法律条文一套东西,我的企图也不是想制定什么,我就对最近在想的一个问题,和大家汇报一下。

学生:为什么在这里只讲了"天人合一"在文化里的比较,为什么不讲它在政治方面的应用,我们古代对天赋予很大的权力,给掌权者其他的能力,他们会运用它,我不知道您今天为什么一点都不提?

王铭铭:你并没有看到我所有的文章,我最近刚发表了一篇用英文写的中国上古史的宇宙观的政治学,不是说不关心政治方面,中国古代的政治组织、政治形态和天有关系,这不是我今天想讲的,我今天是想概括一下现存的文献,有点虚无,你批评得对,我想给你说的是做研究不要政治先行,即使我在写政治宇宙论的时候我也感到很虚无缥缈,我们还不懂那么深,古代的政治学的思想值得研究,要把这套东西相对化,一种是人吃天,天吃人,第二种是人天相应,第三种是人天分离。

学生:我不是很懂,觉得王老师有点冷幽默,王老师说西方的神和人跟中国的人和神的区别,西方的人和神是有共性的,比如宙斯见到漂亮姑娘就会心动,神也是有缺陷的,尼采西方的文化总结成酒神文化日神文化的分野,表示西方的神不是很完美的;反观中国的文化,人和神的分界是很明显的,人是会犯错误的,神不会犯错,从这点来说我觉得西方是"天人合一"的,中国不是。我们总提到一个基调是人类学的"天人合一"是一个好的理论,我觉得我们在这谈"天人合一"有点矫情的问题。自从有了文化,人就从自然分离出来的,我们对社会的改造对自然的改造是不断前进的,我们讨论的"天人合一"是建立在工业文明的基础上的,工业化是建立在对小农文化的摧毁的基础上的,我们站在现代化的基础上来看"天人合一",是不是过于矫情了?大家都认为中国的文化是很值得自豪的,但是我经过了学习之后,我们的文化是源远流长的吗?100年前,或者是60年前,中国的文明和传统文明是割裂的,我们是从30年前是开始谈文化复兴和文化自信的,从知识分子的层次来看,知识分子可以从传统里得到启迪和传承,中国的基层社会对中国的文化传承有多少,这种割裂对目前人类学的研究有什么影响?最后一点我是想说,我们目前社会的运行的状态完全是西化的状态,马克思主义也是从西方传来的。谢谢!

王铭铭:我认为你的第一点是年轻的,至少你跟我辩驳,说西方是"天人合一"还是中国是"天人合一",而且你举的好色的宙斯和中国好吃的神是可以比的,这很有启发。后面你提到的两个问题我觉得像老年人关心的问题,你可能是想让我谈一下这么多破坏怎么办,"天人合一"也是在这个过程中提出来的,你可能也是认为"天人合一"是善良的,我觉得我们是一致的。我经常到地方上去,鼓励当地的博物馆展出当地是怎样被破坏的,当地的城市、农村、环境是怎么被破坏的,关于破坏的博物馆是中国最紧迫需要的,如果要提"天人合一"话要对破坏的历史进行充分的展示,这不是经济学所能做的,经济学只会搞同而不和,总之我回答不了你那么多,往下走还是很复杂的。你不要那么老成,你比我小那么多,不要让社会上流行的语言控制你的舌头,你的语言是很陈旧的。

潘蛟:好的,我们今天讲演就到这了,非常感谢王铭铭教授的讲演,感谢同学们的参与!